内蒙古自治区环境化学重点实验

盐碱土壤CH_4和N_2O地—气交换过程

杨文柱◎著

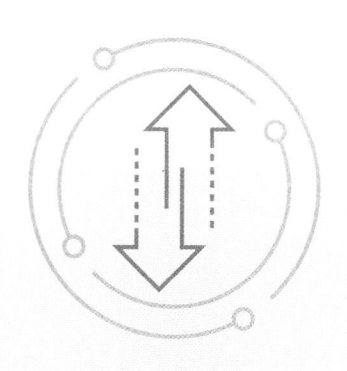

西南大学出版社
国家一级出版社 全国百佳图书出版单位

图书在版编目(CIP)数据

盐碱土壤 CH_4 和 N_2O 地—气交换过程 / 杨文柱著. --重庆：西南大学出版社, 2023.7
ISBN 978-7-5697-1880-5

Ⅰ.①盐… Ⅱ.①杨… Ⅲ.①盐碱土－研究 Ⅳ.①S155.2

中国国家版本馆CIP数据核字(2023)第109304号

盐碱土壤 CH_4 和 N_2O 地—气交换过程
YANJIAN TURANG CH_4 HE N_2O DI —QI JIAOHUAN GUOCHENG

杨文柱　著

责任编辑:刘欣鑫
责任校对:朱春玲
特约编辑:郑祖艺
装帧设计:汤立
排　　版:杜霖森
出版发行:西南大学出版社(原西南师范大学出版社)
　　　　　地址:重庆市北碚区天生路2号
　　　　　邮编:400715　网址:http://www.xdcbs.com
　　　　　市场营销部电话:023-68868624
印　　刷:重庆市联谊印务有限公司
幅面尺寸:170 mm×240 mm
印　　张:8.25
字　　数:122千字
版　　次:2023年7月　第1版
印　　次:2023年7月　第1次印刷
书　　号:ISBN 978-7-5697-1880-5
定　　价:48.00元

基金资助

国家自然科学基金(42175038)；内蒙古杰出青年基金(2022JQ02)；内蒙古自治区高等学校青年科技英才支持计划(NJYT23041)；内蒙古师范大学基本科研业务费专项资金资助(2022JBTD009)；内蒙古2022年自治区重点研发和成果转化计划(2022YFHH0035)；内蒙古师范大学高层次人才科研启动基金(2020YJRC056)

序言

土壤中碳、氮等生源要素的生物地球化学循环会影响地球各圈层之间物质交换的动态平衡和稳定性，该影响机制是土壤生态学的前沿研究方向，与陆地生态系统碳固存、养分流动和物质循环过程有直接关系。土壤质量变化不仅对土壤碳循环有影响，还决定了氮素转化是否有效，如硝化、反硝化作用的酶活性高低及其与相关微生物功能基因的关系等，在提高氮素利用率和减少氮肥施用的环境效应方面也发挥了重要作用。特别是在全球变暖引起的广泛关注上，如何抑制土壤生态系统温室气体CH_4、N_2O浓度升高成为当今人类社会面临挑战的全球性重要环境问题。众所周知，大气中温室气体CH_4和N_2O浓度增加与农业生产方式的变化紧密相关。因此，如何改变农业生产方式从而减缓农田温室气体排放的研究正成为国内外科学家和研究机构重点关注的焦点。

本书以亚洲季风干旱环境系统下的内蒙古河套灌区乌拉特前旗乌拉特灌域为实验区域。对该区域盐碱土壤不同盐碱程度、不同农业生产方式CH_4吸收和N_2O排放进行原位观测和实验室研究，结合分子生物学和数值模拟方法，了解不同盐碱程度、不同农业生产方式的盐碱土壤碳氮迁移转化时空变化，揭示温室气体CH_4吸收和N_2O排放的过程、特征、强度，阐明盐碱土壤不同盐碱程度、不同农业生产方式的CH_4吸收和N_2O排放的土壤驱动机制及其微生物学作用机制。比较盐碱土壤不同盐碱程度、不同农业生产方式减缓农田温室效应的潜力,评估盐碱土壤的碳汇功能,探寻有利于实现农业生产效益和温室气体减排双赢的农业生产方式。本书的研究结果可为我国制订不同盐碱程度土壤温室气体减排策略提供数据支撑和科学依据,有助于回答国际上有关不同农业生产方式减缓温室效应方面的科学问题。

  本书共八章,第一章:绪论;第二章:内蒙古河套灌区盐碱土壤微生物群落多样性;第三章:内蒙古河套灌区不同盐碱程度土壤CH_4吸收规律;第四章:内蒙古河套灌区盐碱土壤N_2O排放微生物学机制;第五章:内蒙古河套灌区盐碱土壤N_2O排放途径;第六章:盐度水平对不同盐渍化程度土壤N_2O排放的影响;第七章:内蒙古河套灌区盐碱土壤N_2O排放特征;第八章:内蒙古河套灌区盐碱土壤碳氮循环研究展望。

  在整个研究过程中,本书的野外实验设计和观测得到了内蒙古自治区环境化学重点实验室焦燕教授的技术指导,在此致以诚挚感谢;野外实验基地管理和运行上离不开焦吉亮老师的帮助,表示衷心感谢;在野外原位观测和室内实验过程中,感谢内蒙古师范大学李新硕士、杨铭德硕士、温慧洋硕士、白曙光硕士、谷鹏硕士、杨洁硕士、刘立家硕士、于俊霞硕士、于亚泽硕士、宋春妮硕士、张婧硕士、刘宇斌硕士的全心付出。本书编写过程中,难免有疏漏,请读者包涵。

杨文柱
2022 年 10 月 8 日

目录 CONTENTS

第一章

绪 论 ·· 1
1.1 陆地生态系统碳氮循环 ··· 1
1.2 盐碱土壤生态系统碳氮循环国内外研究进展 ···················· 7
1.3 盐碱土壤 CH_4 吸收和 N_2O 排放研究需要解决的关键科学问题 ········ 9
1.4 盐碱土壤碳氮循环亟需加强的研究内容 ···························· 10
1.5 盐碱土壤碳氮循环研究的科学意义 ································· 12
1.6 河套灌区盐碱土壤 CH_4 吸收和 N_2O 排放研究的科学目标 ············ 12
参考文献 ·· 13

第二章

内蒙古河套灌区盐碱土壤微生物群落多样性 ·························· 19
2.1 材料与方法 ·· 20
2.2 河套灌区盐碱土壤微生物分布的研究结果与分析 ············· 22
2.3 内蒙古河套灌区盐碱土壤微生物分布的研究结论 ············· 30
参考文献 ·· 30

第三章

内蒙古河套灌区不同盐碱程度土壤CH_4吸收规律 ·············· 35
    3.1 材料与方法 ·············· 36
    3.2 内蒙古河套灌区盐碱土壤CH_4吸收的结果与分析 ·············· 40
    3.3 河套灌区盐碱土壤CH_4吸收过程 ·············· 45
    3.4 内蒙古河套灌区盐碱土壤CH_4吸收的结论 ·············· 47
    参考文献 ·············· 47

第四章

内蒙古河套灌区盐碱土壤N_2O排放微生物学机制 ·············· 51
    4.1 材料与方法 ·············· 54
    4.2 盐碱土壤N_2O排放与 *amoA* 和 *narG* 功能基因丰度结果与分析 ·············· 58
    4.3 盐碱土壤N_2O排放与 *amoA* 和 *narG* 功能基因丰度关联性分析 ·············· 61
    4.4 盐碱土壤N_2O排放与 *amoA* 和 *narG* 功能基因丰度关系的结论 ·············· 64
    参考文献 ·············· 65

第五章

内蒙古河套灌区盐碱土壤N_2O排放途径 ·············· 71
    5.1 材料与方法 ·············· 73
    5.2 不同盐碱程度土壤N_2O排放途径的结果与分析 ·············· 76
    5.3 不同盐碱程度土壤N_2O排放途径甄别 ·············· 82
    5.4 不同盐碱程度土壤N_2O排放途径的确定 ·············· 84
    参考文献 ·············· 85

第六章

盐度水平对不同盐渍化程度土壤 N_2O 排放的影响 ······89
    6.1 材料与方法 ······90
    6.2 盐度水平影响不同盐渍化程度土壤 N_2O 排放的结果与分析 ······93
    6.3 盐度水平影响不同盐渍化程度土壤 N_2O 排放的讨论 ······99
    6.4 盐度水平影响不同盐渍化程度土壤 N_2O 排放的结论 ······100
    参考文献 ······101

第七章

内蒙古河套灌区盐碱土壤 N_2O 排放特征 ······103
    7.1 材料与方法 ······104
    7.2 内蒙古河套灌区盐碱土壤 N_2O 排放的结果与分析 ······106
    7.3 内蒙古河套灌区盐碱土壤 N_2O 排放特征讨论 ······110
    7.4 内蒙古河套灌区盐碱土壤 N_2O 排放特征的结论 ······111
    参考文献 ······112

第八章

内蒙古河套灌区盐碱土壤碳氮循环研究展望 ······115

第一章

绪论

1.1 陆地生态系统碳氮循环

陆地生态系统碳氮循环与土壤功能、土壤微生物多样性密切相关,研究它们之间的关系是国家碳达峰碳中和计划研究的新方向。21世纪以来,国际土壤碳源汇关系的研究蓬勃兴起,并在理论、方法以及研究内容拓展上有较大的进展,该研究逐步成为现代陆地生态系统和土壤科学领域的重要的热点方向。

1.1.1 温室气体引起全球变化问题

温室气体引起的全球变暖是当今人类社会普遍关注的全球性重要环境问题。观测资料和估算结果表明,2005年大气中 CH_4 和 N_2O 浓度已分别高达 1 774 ppbv(ppbv:10^{-9} 体积比)和 319 ppbv,导致的辐射强迫(radiative forcing)分别为 0.48 $W \cdot m^{-2}$ 和 0.16 $W \cdot m^{-2}$(IPCC,2007a)。土地利用方式、农业生产方式与大气中温室气体 CH_4 和 N_2O 浓度的变化紧密相关。目前,通过农业生产方式的变化减缓农田温室气体排放的研究正成为国际上一些著名科学家和研究机构关注的焦点(Smith 等,2008)。因此,合理评估我国不同农业生产方式农田温室气体排放强度,以及农业生产方式转变对减缓农田温室气体排放的潜力符合国家战略需求,也是我国科学家迫切需要解决的问题。该研究更是我国农业应对气候变化可持续发展的方向和技术途径的必然选择。

1.1.2 农业生态系统对于减缓温室效应具有巨大潜力

据IPCC(2007b)估计,2005年全球农业温室气体排放总量为5.1~6.1 Gt CO_2-eq,相当于温室气体总人为排放源的10%~12%,其中CH_4和N_2O的年排放量分别为3.3 Gt CO_2-eq和2.8 Gt CO_2-eq。从1990年到2005年全球农业CH_4和N_2O排放量增加了约17%(US-EPA,2006),农业排放分别占2005年大气CH_4和N_2O总人为排放源的47%和58%(IPCC,2007b)。其中,土壤N_2O排放占农业非CO_2温室气体排放总量的38%。因此,农业生态系统温室气体的减排对于缓解全球气候变化有重要作用,农业生态系统对于减缓CH_4和N_2O排放等具有较大潜力(IPCC,2007b)。最新估算表明,到2030年全球农业的减排潜力相当于5 500~6 000 Mt CO_2-eq. yr^{-1}(Smith等,2008)。

1.1.2.1 农业源温室气体排放特征

1990年至2005年间,全球农业N_2O排放量大约增加了17%,这主要源于大量氮肥施用,氮肥施用会引起农田N_2O的直接和间接排放。基于全球农业N_2O田间原位测定资料估算结果,旱作农田平均N_2O直接排放量相当于农业化肥N施用总量的1.0%(Bouwman等,2002;IPCC,2006)。水稻田、湿地是CH_4的重要排放源(后简称源)(Schütz等,1989;Bouwman,1991);通气排水良好的土壤是大气CH_4的重要吸收汇(后简称汇),占全球CH_4汇的10%(Lowe,2006);森林、草地和农田生态系统是大气CH_4的重要吸收汇,甚至连干旱的沙漠土壤都有CH_4吸收存在(Striegl等,1992)。但目前对土壤作为大气CH_4汇的研究还远没有其作为CH_4源的研究那么深入,而陆地生态系统吸收消耗大气CH_4的变化将会直接影响大气CH_4的浓度及其气候效应。大气CH_4、N_2O的变化趋势、源与汇分布已成为全球变化研究中的焦点问题之一。因此,农业

CH_4 吸收量和 N_2O 排放量的准确估算以及寻求减缓农业 CH_4 和 N_2O 排放的有效措施在全球变化研究中具有十分重要的地位。(CH_4 吸收和排放示意图见图 1-1，N_2O 排放示意图见图 1-2）

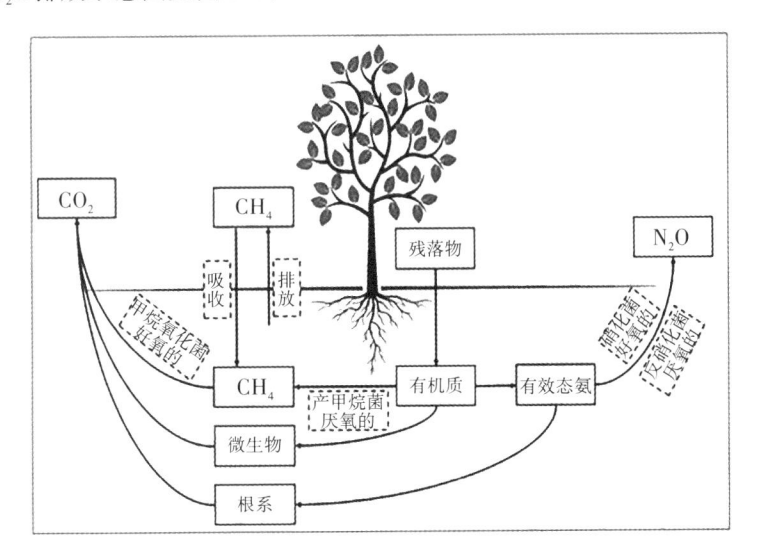

图 1-1　温室气体 CH_4 吸收和排放示意图

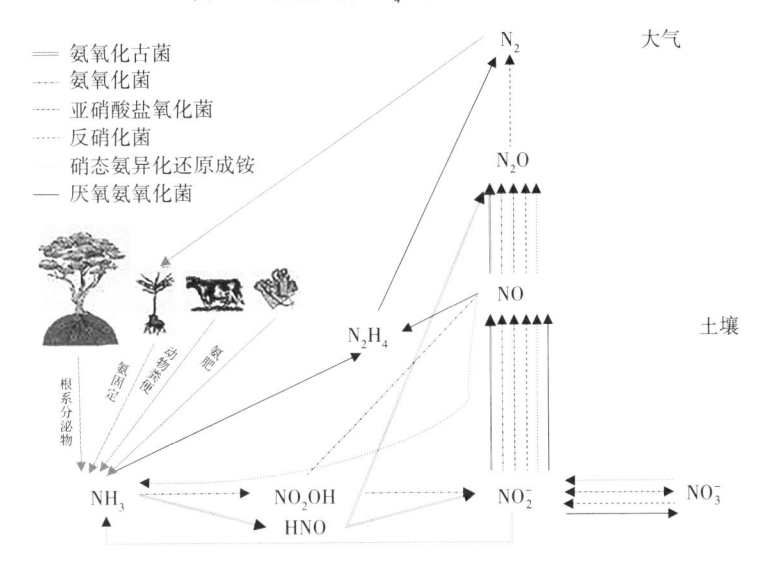

图 1-2　温室气体 N_2O 排放示意图

1.1.2.2 内蒙古河套灌区盐碱土壤特点

内蒙古河套灌区处于亚洲季风干旱环境系统,地处我国西北部黄河上中游内蒙古段北岸的冲积平原,北依阴山山脉的狼山、乌拉山南麓洪积扇,南临黄河,东至包头市郊,西接乌兰布和沙漠。灌区始于西汉,引黄控制面积1 743万亩(1亩≈666.7 m^2),现引黄有效灌溉面积861万亩,是亚洲最大的一首制灌区和全国三个特大型灌区之一,也是国家和内蒙古自治区重要的商品粮油生产基地(冯兆忠等,2003;岳勇等,2008)。盐碱土壤是地球上广泛分布的一种土壤,约占陆地总面积的25%,总计约9.55亿 hm^2,分布在世界各大洲的滨海和干旱、半干旱地区。我国约有盐碱土壤0.27亿 hm^2,包括0.06亿 hm^2 耕地,0.21亿 hm^2 盐碱荒地,主要分布在东北、华北、西北内陆地区以及长江以北沿海地带(秦韧等,2005)。内蒙古河套灌区的盐渍化面积约占内蒙古盐渍化土地面积的70%,由于黄河水资源严重不足,灌区的引黄水量将减少20%(Sen H S,1990)。受多种因素影响,国内外次生盐碱土壤面积还在不断扩大,据估计,全球盐碱土壤以每年(1.0~1.5)×10^6 hm^2 的速度在增长。黄河三角洲盐碱土壤面积高于70%。内蒙古河套灌区盐碱土壤属草甸土,表层由第四纪沙湖相红棕色黏层组成,表层土最高含盐量可达3.78%(杨芙蓉和杨恒智,2008)。灌区耕地轻度盐碱土壤面积约为2.84×10^5 hm^2,占耕地总面积的49.50%;中度盐碱土壤面积9.2×10^4 hm^2,占耕地总面积的16.04%;重度盐碱土壤面积1.79×10^4 hm^2,占耕地总面积的3.11%。位于灌区之首的磴口县盐碱土壤面积占土地总面积的30%左右,位于灌区中部的临河地区盐碱土壤面积占总土地面积的40%,五原达到50%,位于灌区末端的乌拉特前旗达到60%(杨婷婷等,2005)。最近几年,灌区加强了灌溉管理,区域性潜水水位有所下降,部分地区盐碱程度有所减轻,但是,盐碱土壤问题仍是当地农业的困扰,严重制约了当地经济的发展。土壤盐碱是一个世界性的难题,是限制作物生长和生产力的重要非生物因子。土壤中过量的盐和碱会影响土壤物理化学特性和微生物活动,其中还包括对碳氮矿化、土壤酶活性的影响(Pathak H 和 Rao D L N,1998;Laura 等,1974)。

1.1.2.3 内蒙古河套灌区农业生产方式

灌区粮食生产中过量施肥导致生态环境恶化。内蒙古河套灌区作为中国三大灌区之一,粮食生产以高外源投入和高度集约化为特征,在提供大量商品粮的同时,由于过量施肥而造成的生态环境恶化问题也日益严重。国内外相关研究显示,该灌区农田化肥量已由 1978 年的 $7×10^4$ t 迅速上升到 2002 年的 $5.2×10^5$ t,2005 年氮肥施用强度达到 361.86 kg/hm²,化肥利用率仅为 30%(杜军等,2011)。粮食生产中氮肥投入量大,氮素循环强度高,损失途径多,损失量大。氮素除被作物吸收外,还会使土壤硝酸盐累积,导致土壤质量急剧下降,进而通过剖面淋洗、地表径流和硝化、反硝化等途径损失,造成地下水硝酸盐污染、地表水富营养化以及大气污染。Feney 等(1997)研究结果显示,化肥氮是农业土壤中产生 N_2O 的最大来源,土壤 N_2O 排放一般随氮肥施用量增加而增加,呈极显著的线性关系。Eichenerm 等(1990)研究表明,施用氮肥排放的 N_2O 占土壤总 N_2O 排放的 25%~82%,来自肥料的 N_2O-N 占施用肥料的 0.1%~0.8%。总之,河套灌区作物种植面积大,施肥和灌溉频繁且总量大,由此引发的 N_2O 排放问题将可能会越来越突出。

河套灌区灌溉特征如下。大水漫灌灌溉方式是由内蒙古河套灌区独特气候和地理条件决定的,且河套灌区最大特征是绝大部分灌溉用水主要集中在夏灌(4 月至 6 月,用于补充土壤水分,以便满足作物生长发育需求)、秋灌(一般在 7 月至 9 月间)和秋浇(一般在 10 月中旬至 11 月中下旬)。秋浇是河套灌区一年中灌水量最大的一次,范围为 1 800~2 000 m³/hm²,目的在于洗盐冲碱和保墒,此期间是灌水量大、土地裸露成非点源污染产生的主要时期,氮磷流失严重,且氮为主要的污染控制因子(郝芳华,2008;曾阿妍,2008)。冯兆忠等(2003)研究发现河套灌区在当前的耕作制度及秋浇定额下,每年会损失约2.6×10^7 kg的N。关于农田灌溉后温室气体吸收排放影响的研究较少,基于中国期刊网和SCI数据库检索结果发现如下。刘运通等(2008)在山西省榆次县观测发现,种植春玉米进行土壤追肥和灌溉后,N_2O排放量迅速升高,一天之内升高为原来的50倍左右;梁东丽等(2002)研究发现黄土高原旱地土壤灌溉后N_2O排放量呈上升趋势;徐文彬等(2002)和秦小光(2005)研究南方亚热带代表性旱田土壤发现,灌溉是N_2O排放量季节性波动的主要原因;Simojoki(2000)发现施肥后灌溉壤质黏土N_2O的排放量加倍,当土壤含水量达60%~90%时,N_2O排放量最大;Clemens Scheer(2008)对乌兹别克斯坦咸海周围砂质土壤棉花地进行两年N_2O排放量观测发现,通过施用叶面肥和滴灌可能降低N_2O排放量;然而,盐碱土壤旱田灌溉对温室气体排放影响的相关研究报道较少。

河套灌区盐碱土壤种植制度主要为粮食作物—蔬菜复种和单种。区域种植作物以向日葵、小麦、大白菜、甜菜、玉米和番茄为主,国内针对作物类型、种植制度对农田温室气体吸收和排放影响的研究主要集中在水稻、小麦、玉米、花生、大豆、油菜、棉花等作物。Zheng等(2004)对我国农田施肥直接引起的N_2O排放量、蔬菜地N_2O排放量,采用了粮食作物旱地N_2O排放系数进行估算,得出我国农田N_2O排放总量的20%源于蔬菜地的结论。然而,我国蔬菜地水肥管理有别于粮食作物,粮食作物旱地N_2O排放系数是否适合于蔬菜地尚不清楚。丁洪等(2004)、金雪霞等(2004)、Cheng等(2006)和Haile-Mariam等(2008)的研究结果显示,蔬菜地土壤N_2O排放量明显高于旱作农田。李楠(1993)和王重阳等(2006)研究表明,种植制度和作物类型是会影响农田N_2O排放的。丁洪等(2001)指出华北地区农田N_2O排放率依次是玉米>花生>大豆>棉花。相对而言,国外学者对蔬菜地N_2O排放开展了较多观测和研究。国外蔬菜地N_2O观测研究往往针对番茄、洋葱、马铃薯、甜菜等单一蔬菜种类,如

Hosono 等(2006)、Kusa 等(2002)、Flessa 等(2002)、Hyatt 等(2010)、Haile-Mariam 等(2008)、Cheng 等(2006)、Ruser 等(1998)、Vallejo 等(2006),然而,河套灌区粮食作物—蔬菜复种栽培模式以小麦—大白菜复种为主,此类种植模式的 N_2O 排放特征有待研究。

1.1.2.4 内蒙古河套灌区温室气体 CH_4 吸收和 N_2O 排放观测研究现状

我国虽然是农业大国,但在开展 N_2O 排放方面的研究起步较晚。目前我国已有几个研究小组如徐星凯等(2011),黄耀等(2009),王跃思等(2003),郑循华等(1997),宋文质等(1997),曾江海等(1995),黄国宏等(1995),杜睿等(2005)分别在华东、华北和东北稻田、湿地、典型旱地作物生态系统、草地生态系统及森林生态系统开展了 N_2O 排放的研究工作,然而在我国西北内蒙古河套灌区盐碱土壤农田生态系统开展温室气体 CH_4 吸收和 N_2O 排放的研究较少。农业 N_2O 的排放研究,无论在观测时间的长短还是在观测位点的数目上,还相对比较缺乏系统性。这导致在编制农业土壤 N_2O 排放清单时不精确性较大,也影响农业土壤 N_2O 减排措施的提出。因此,开展不同生态条件下农田土壤的 CH_4 吸收和 N_2O 排放原位观测研究势在必行。

1.2 盐碱土壤生态系统碳氮循环国内外研究进展

1.2.1 盐碱土壤 CH_4 吸收研究进展

国内对盐碱土壤相关研究更多集中在盐碱土壤改良利用方面,然而对于盐碱土壤温室气体吸收和排放的相关研究较少。至2005年,关于我国三大灌区之一的内蒙古河套灌区盐碱土壤农田的温室气体吸收通量、排放通量的观测研究鲜有报道(段晓男等,2005)。目前国外关于盐碱土壤 CH_4 吸收和 N_2O 排放的影响研究成果也很有限,土壤盐碱程度对 CH_4 吸收和 N_2O 排放的影响还没有在 CH_4 和 N_2O 源、汇的估算中被正式考虑。基于中国期刊网和SCI数据库检索的结果,有关盐碱土壤CH_4吸收和N_2O排放的研究论文只有零星报道,用于国家温室气体排放清单编制的相关基础数据比较缺乏。已有研究主要集中于培养实验,田间原位观测资料甚少。

国外对盐碱土壤影响CH_4吸收的研究发现如下:无盐土壤添加盐(特别是氯盐)后,会强烈抑制CH_4吸收(King 和 Schnell,1998;Whalen,2000);盐分会抑制CH_4氧化(Saari 等,2004);对美国的盐沼土壤进行研究发现,CH_4排放通量与土壤含盐量存在明显的负相关关系(Bartlett 等,1987)。然而现阶段原位野外观测盐碱土壤CH_4吸收过程和排放通量的研究较少,缺乏盐碱土壤CH_4吸收机制的深度研究。

1.2.2 盐碱土壤N_2O排放研究进展

国外对盐碱土壤影响N_2O排放的研究表明,N_2O是硝化过程和反硝化过程的中间产物。土壤温度、pH 和盐度等会影响反硝化过程的进行,硝化过程对盐含量也很敏感,低盐含量下氨化过程被刺激,高盐含量下被抑制(Westerman 和 Tucker,1974;McCormick 和 Wolf,1980;McClung 和 Frankenberger,1987)。高盐度土壤抑制硝化、反硝化作用,N_2O还原酶活性受土壤盐度影响,在含盐土壤中易累积N_2O(Inubushi 等,1999)。土壤盐度增加,硝化过程产生的N_2O也会增加(Andrew 等,1997)。由于世界范围内盐碱土壤面积的扩大,国内外学者开始关注盐碱土壤CH_4和N_2O排放通量的观测研究,但相关的报道仍然较少,因此更进一步的研究要求了解盐性土壤对CH_4吸收和N_2O排放影响的潜在机制(Ram 等,2008)。

1.2.3 盐碱土壤CH_4吸收和N_2O排放研究重点

国内外缺乏盐碱土壤CH_4吸收通量和N_2O排放通量的田间原位观测资料,因此降低了盐碱土壤农田温室气体排放总量的科学估算的准确性。内蒙古河套灌区的盐碱土壤因大量氮肥施用和黄河水漫灌导致了各种问题,因此盐碱土壤对温室气体源汇的影响和作用不容忽视。关于河套灌区盐碱土壤肥水管理、粮食作物—蔬菜复种的种植模式对CH_4吸收和N_2O排放影响的集成研究较少，CH_4吸收和N_2O排放机制尚不明确。因此，开展河套灌区盐碱土壤温室气体原位观测工作对降低我国农田温室气体吸收和排放总量估算的不确定性具有十分重要的意义。

总体而言，生态系统的温室气体排放是国家实现单位GDP（国内生产总值）温室气体排放削减目标必须关注的重要方式，然而，内蒙古地区在这方面的研究一直比较薄弱，对河套灌区温室气体CH_4吸收和N_2O排放的原位观测研究尚缺乏系统性，在以下几方面存在不足：

（1）全球盐碱土壤面积不断扩大，盐碱土壤对温室气体CH_4吸收和N_2O排放有重要影响，然而，目前缺少盐碱土壤温室气体吸收和排放通量的野外原位观测的相关研究。

（2）内蒙古河套灌区盐碱土壤肥水管理有别于其他地区农田，针对河套灌区盐碱土壤肥水管理对土壤碳氮循环、温室气体CH_4吸收和N_2O排放过程的强度的综合影响等系统化研究及其相关报道较少。

（3）不同盐碱程度和不同农业生产方式（粮食作物—蔬菜复种模式和水肥耦合）的土壤碳氮迁移转化机制、温室气体CH_4吸收和N_2O排放机制尚不清楚。

1.3 盐碱土壤CH_4吸收和N_2O排放研究需要解决的关键科学问题

亚洲季风干旱环境系统下的内蒙古河套灌区盐碱土壤属于我国典型的干旱半干旱区土壤类型，针对CH_4吸收和N_2O排放与土壤碳氮迁移转化、不同水肥管理、粮食作物—蔬菜复种模式、不同盐碱程度下土壤微生物的相互作用的关系进行观测分析，结合碳氮源汇关系特征，可解决盐碱土壤在人类干扰作用下的两个主要问题。

(1)在全球变化背景下,综合土壤碳氮转化参数、土壤理化因素、生物因素、水肥管理、盐碱程度、微生物因素和气候因素,比较并阐明不同盐碱程度和不同农业生产方式下河套灌区盐碱土壤温室气体CH_4吸收和N_2O排放的过程、特征和强度,微生物学机制及其缓解温室效应的土壤碳氮过程驱动机制。

(2)针对不同盐碱程度和不同农业生产方式的盐碱土壤设计实验,探究其温室气体减排效果、减排潜力及实现农业生产和温室气体减排双赢的原理。

1.4 盐碱土壤碳氮循环亟需加强的研究内容

(1)盐碱土壤不同盐碱程度下CH_4吸收量和N_2O排放通量原位观测研究。

根据邻近样地的选样原则,选择河套灌区重度盐碱土壤、中度盐碱土壤和轻度盐碱土壤作为研究对象,采用静态箱—气相色谱法连续3年对土壤CH_4吸收量和N_2O排放通量进行野外原位观测,揭示不同盐碱程度的盐碱土壤CH_4吸收和N_2O排放的过程、特征和强度,明确河套灌区盐碱土壤盐碱程度的不同对CH_4吸收和N_2O排放影响的规律。

(2)盐碱土壤不同农业生产方式下CH_4吸收量和N_2O排放通量原位观测研究。

采用静态箱—气相色谱法连续3年进行野外原位观测后,比较了河套灌区盐碱土壤(粮食作物—蔬菜复种模式)在不同氮肥施用量下的CH_4吸收量和N_2O排放通量,从而揭示不同农业生产方式下CH_4吸收和N_2O排放的过程、特征和强度,明确河套灌区盐碱土壤不同的农业生产方式对CH_4吸收和N_2O排放的影响。

(3)盐碱土壤CH_4吸收和N_2O排放的关键驱动因子和机制研究。

利用野外原位观测法统计CH_4吸收量和N_2O排放通量,同时,原位定量土壤碳氮迁移转化时空变化和碳氮转化参数(如氮素氨挥发速率,硝酸盐径流率与淋洗损失率,氮素总矿化率、固持率、硝化速率、有机碳分解速率),综合土壤因素(如土壤质地、土壤盐碱程度、土壤水溶性有机碳含量DOC、微生物碳氮含量、NO_3^--N含量、NH_4^+-N含量、土壤水分和温度等)、水肥管理、微生物因素(甲烷氧化菌、硝化细菌和反硝化细菌)、气候因素(日照、降水、温度)和生物因素(生物量等)的监测和分析结果。根据上述结果,确定CH_4吸收和N_2O排放同碳氮转化参数、土壤理化特性、生物量、田间小气候、碳氮管理和盐碱程度的数量关系,揭示土壤功能变化动态特征和驱动机制,阐明影响CH_4吸收和N_2O排放的可能驱动因子和机理。

(4)盐碱土壤不同盐碱程度和不同水肥管理方式下CH_4吸收、N_2O排放差异的驱动机制和减排。

利用培养实验在温度、盐碱程度和水分等可控的条件下,深入研究不同水肥管理和盐碱程度对盐碱土壤碳氮迁移转化的影响,以及CH_4吸收和N_2O排放差异的驱动作用。同时,和野外原位观测结果进行比较、分析,阐明盐碱程度和水肥耦合影响土壤碳氮迁移转化的原理,探究CH_4吸收和N_2O排放差异的关键驱动因素,综合不同盐碱程度和不同水肥管理方式下CH_4吸收和N_2O排放特征,确定盐碱土壤不同盐碱程度和不同水肥管理减排潜力。

(5)盐碱土壤碳氮迁移转化过程同CH_4吸收和N_2O排放的微生物学关联机制研究。

为揭示不同盐碱程度和不同农业生产方式的盐碱土壤的碳氮迁移转化与CH_4吸收和N_2O排放过程的微生物学的关联机制,培养盐碱土壤中影响CH_4吸收的氧化菌、影响N_2O排放的硝化菌和反硝化菌。用分子生物学技术研究不同水肥管理、盐碱程度,粮食作物—蔬菜复种模式下的盐碱土壤中的甲烷氧化菌、硝化细菌和反硝化细菌的遗传结构、多样性水平、种群动态性和群落分布,并分析遗传结构空间自相关信息,总结后比较不同盐碱程度和不同农业生产方式下各个菌落群体的遗传结构。基于分子生物学知识,分析上述菌类对土壤碳氮时空变化、CH_4吸收和N_2O排放的驱动作用,确定盐碱土壤甲烷氧化菌、硝化菌和反硝化菌对CH_4吸收和N_2O排放影响机制。通过对不同盐碱程度和不同农业生产方式下土壤微生物群落特征、参与碳氮转化的功能微生物群的定量表达、土壤酶在种类和数量(或者活性)上的变化特征等的研究,阐明不同盐碱程度和不同农业生产方式与盐碱土壤碳氮迁移转化和碳氮气体交换过程的微生物学关联机制。

1.5 盐碱土壤碳氮循环研究的科学意义

本书通过分析内蒙古河套灌区盐碱土壤在不同盐碱程度和不同农业生产方式下CH_4吸收和N_2O排放的原位观测、实验室研究结果,结合分子生物学、数值模拟方法,了解不同盐碱程度和不同农业生产方式的盐碱土壤碳氮迁移转化时空变化趋势,总结温室气体CH_4吸收和N_2O排放的过程、特征、强度和驱动机制及其相关的微生物学机制的影响规律。并以此比较盐碱土壤在不同盐碱程度和不同农业生产方式下减缓农田温室效应的潜力,评估盐碱土壤碳汇功能。此研究结果可为我国制订农业温室气体减排策略提供数据支撑和科学依据,有助于回答国际上有关农业生产方式转变的减排管理和环境效应等的问题。

1.6 河套灌区盐碱土壤CH_4吸收和N_2O排放研究的科学目标

本书针对内蒙古河套灌区不同盐碱程度、水肥耦合和粮食作物—蔬菜复种模式的不同农业生产方式的农田,采用野外原位观测、培养实验和实验室分析方法,比较河套灌区盐碱土壤不同盐碱程度和不同农业生产方式下壤碳氮时空变化、CH_4吸收和N_2O排放的过程、特征和排放强度。以此揭示河套灌区盐碱土壤CH_4吸收和N_2O排放与碳氮转化参数、土壤因素、微生物因素、盐碱程度、不同水肥耦合、气候因素和生物因素的关系,从而阐明河套灌区盐碱

土壤 CH_4 吸收和 N_2O 排放的微生物机制和土壤机制。最终，评估盐碱土壤不同盐碱程度和不同农业生产方式所具有的减缓温室效应的潜力；以单位产量温室效应为评价指标，构建有利于实现农业生产和温室气体减排双赢的农业生产体系。

参考文献

[1] LOW A P, STARK J M, DUDLEY L M. Effects of soil osmotic potential on nitrification, ammonification, N-assimilation and nitrous oxide production[J]. Soil Science, 1997, 162(1): 16-27.

[2] BARTLETT K B, BARTLETT D S, HARRISS R C, et al. Methane emissions along a salt marsh-salinity gradient [J]. Biogeochemistry, 1987, 4(3): 183-202.

[3] BOUWMAN A F. Agronomic aspects of wetland rice cultivation and associated methane emissions[J]. Biogeochemistry, 1991, 15: 65-88.

[4] BOUWMAN A F, Boumans L J M, Batjes N H. Modeling global annual N_2O and NO emissions from fertilized fields[J]. Global Biogeochemical Cycles, 2002, 16(4): 1-9.

[5] CHENG W, SUDO S, TSURUTA H, et al. Temporal and spatial variations in N_2O emissions from a Chinese cabbage field as a function of type of fertilizer and application[J]. Nutrient Cycling in Agroecosystems, 2006, 74 (2): 147-155.

[6] SCHEER C, WASSMANN R, KIENZLER K, et al. Nitrous oxide emissions from fertilized, irrigated cotton (Gossypium hirsutum L.) in the Aral Sea Basin, Uzbekistan: Influence of nitrogen applications and irrigation practices[J]. Soil Biology and Biochemistry, 2008, 40(2): 290-301.

[7] EICHENERM J. Nitrous oxide emissions from fertilized soils: Summary of available data[J]. Environmental Quality, 1990, 19: 272-280.

[8] FENEY J R. Emission of nitrous oxide from soils used for agriculture [J]. Nutrient Cycling in Agroecosystems, 1997, 49: 1-6.

[9] FLESSA H, RUSER R, SCHILLING R, et al. N_2O and CH_4 fluxes in potato fields: automated measurement, management effects and temporal variation[J]. Geoderma, 2002, 105(3-4): 307-325.

[10]HAILE-MARIAM S, COLLINS H P, HIGGINS S S. Greenhouse Gas Fluxes from an Irrigated Sweet Corn (Zea mays L.)-Potato (Solanum tuberosum L.) Rotation[J].Journal of Environmental Quality,2008(3):759-771.

[11]HOSONO T, HOSOI N, AKIYAMA H, et al. Measurements of N_2O and NO emissions during tomato cultivation using a flow-through chamber system in a glasshouse[J].Nutrient Cycling in Agroecosystems,2006,75(1-3):115-134.

[12]HUANG Y, SUN W, ZHANG W, et al. Marshland conversion to cropland in northeast China from 1950 to 2000 reduced the greenhouse effect[J].Global Change Biology,2010,16(2): 680-695.

[13]HYATT C R, VENTEREA R T, ROSEN C J, et al. Polymer-Coated Urea Maintains Potato Yields and Reduces Nitrous Oxide Emissions in a Minnesota Loamy Sand[J].Soil Science Society of America Journal,2010,74(2):419-428.

[14]INUBUSHI K, BARAHONA M A, YAMAKAWA K. Effects of salts and moisture content on N_2O emission and nitrogen dynamics in Yellow soil and Andosol in model experiments[J].Biology and Fertility of Soils,1999,29(4):401-407.

[15]AMSTEL A V. IPCC 2006 Guidelines for National Greenhouse Gas Inventories[M]. Institute for Global Environmental,2006.

[16]IPCC.Changes in Atmospheric Constituents and in Radiative Forcing[M].Cambridge: Cambridge University Press,2007.

[17]METZ B, DAVIDSON O, BOSCH P, et al. Climate Change 2007 Mitigation of Climate Change[M].Cambridge: Cambridge University Press,2007.

[18]KING G M, SCHNELL1 S. Effects of ammonium and non-ammonium salt additions on methane oxidation by Methylosinus trichosporium OB3b and Maine forest soils [J].Applied and Environmental Microbiology,1998,64(1):253-257.

[19]KUSA K, SAWAMOTO T, HATANO R. Nitrous oxide emissions for 6 years from a gray lowland soil cultivated with onions in Hokkaido,Japan[J].Nutrient Cycling in Agroecosystems,2002,63:239-247.

[20]LAURA R D. Effects of neutral salts on carbon and nitrogen mineralisation of organic matter in soil[J].Plant and Soil,1974,(41):113-127.

[21]LOWE D C. A green source of surprise [J].Nature,2006,439(7073):148-149.

[22]MCCLUNG G, FRANKENBERGER W T. Nitrogen mineralization rates in saline vs. salt amended soils[J]. Plant and Soil,1987,104:13-21.

[23]MCCORMICK R W, WOLF D C. Effect of sodium chloride on CO_2 evolution, ammonication, and nitrication in a Sassafras sandy loam[J].Soil Biology and Biochemistry,1980, 12:153-157.

[24]PATHAK H, RAO D L N. Carbon and nitrogen mineralization from added organic matter in saline and alkali soils[J].Soil Biology and Biochemistry,1998,30(6):695-702.

[25]DALAL R C, ALLEN D E. Greenhouse gas fluxes from natural ecosystems[J].Australian Journal of Botany,2008,5:369-407.

[26]RUSER R,SCHILLING R,STEINDL H,et al. Soil Compaction and Fertilization Effects on Nitrous Oxide and Methane Fluxes in Potato Fields[J].Soil science Society of America Journal,1998,62(6):1587-1595.

[27]SAARI A, SMOLANDER A, MARTIKAINEN P J. Methane consumption in a frequently nitrogen-fertilized and limed spruce forest soil after clear-cutting[J].Soil Use and Management,2006,20:65-73.

[28]SCHUTZ H, HOLZAPFEL-PSCHORN A, CONRAD R, et al. A 3-year continuous record on the influence of daytime, season, and fertilizer treatment on methane emission rates from an Italian rice paddy[J].Journal of Geophysical Research,1989,94:16405-16416.

[29]SEN H S. 淹育盐化土的氮素挥发损失[J]. 单光宗,译. 土壤学进展,1990,18(5): 43-46.

[30]SIMOJOKI A, JAAKKOLA A. Effect of nitrogen fertilization, cropping and irrigation on soil air composition and nitrous oxide emission in a loamy clay[J].European Journal of Soil Science,2010,51(3):413-424.

[31]SMITH P, MARTINO D, CAI Z, et al. Greenhouse gas mitigation in agriculture[J]. Philosophical Transactions of The Royal Society B Biological Sciences, 2008, 363(1492): 789-813.

[32]STRIEG R G, MCCONNAUGHEY T A, THORSTENSON D C,et al. Consumption of atmospheric methane by desert soils[J].Nature,1992,357(6374):145-147.

[33]Summary Report:Global Anthropogenic Non-CO$_2$ Greenhouse Gas Emissions[R]. U. S. Environmental Protection Agency,2012.

[34]VALLEJO A,SKIBA U,GARCA-TORRESA L,et al. Nitrogen oxides emission from soils bearing a potato crop as influenced by fertilization with treated pig slurries and composts-ScienceDirect [J].Soil Biology and Biochemistry,2006,38(9):2782-2793.

[35]WESTERMAN R L,TUCKER T C. Effect of Salts and Salts Plus Nitrogen-15-Labeled Ammonium Chloride on Mineralization of Soil Nitrogen,Nitrification,and Immobilization[J].Soil Science Society of America Journal,1974,38(4):602-605.

[36]WHALEN S C. Influence of N and non-N salts on atmospheric methane oxidation by upland boreal forest and tundra soils[J].Biology and feritilty of soils,2000,2000,31:279-287.

[37]ZHENG X,HAN S,YAO H,et al. Re-quantifying the emission factors based on field measurements and estimating the direct N$_2$O emission from Chinese croplands[J].Global biogeochemical cycles,2004,18(2):1-19.

[38]曾阿妍,郝芳华,张嘉勋,等.内蒙古农业灌区夏、秋浇的氮磷流失变化[J].环境科学学报,2008,28(5):838-844.

[39]曾江海,王智平,张玉铭,等.小麦—玉米轮作期土壤排放N$_2$O通量及总量估算[J].环境科学,1995(01):32-35.

[40]丁洪,王跃思,项虹艳,等.菜地氮素反硝化损失与N$_2$O排放的定量评价[J].园艺学报,2004,31(6):762-766.

[41]丁洪,蔡贵信,王跃思,等.华北平原不同作物—潮土系统中N$_2$O排放量的测定[J].农业环境保护,2001,1:7-9.

[42]杜军,杨培岭,李云开,等.不同灌期对农田氮素迁移及面源污染产生的影响[J].农业工程学报,2011,27(01):66-74.

[43]杜睿,吕达仁,王庚辰.天然温带典型草原N$_2$O和CH$_4$通量的时间变化特征[J].自然科学进展,2005,3:313-320.

[44]段晓男,王效科,冯兆忠,欧阳志云.内蒙古河套灌区春小麦苗期生态系统CO$_2$通量变化研究[J].环境科学学报,2005,(02):166-171.

[45]冯兆忠,王效科,冯宗炜,等.内蒙古河套灌区秋浇对不同类型农田土壤盐分淋失的影响[J].农村生态环境,2003,3:31-34.

[46]郝芳华,欧阳威,李鹏,等.河套灌区不同灌季土壤氮素时空分布特征分析[J].环境科学学报,2008,5:845-852.

[47]黄国宏,陈冠雄,吴杰,等.东北典型旱作农田N_2O和CH_4排放通量研究[J].应用生态学报,1995,4:383-386.

[48]金雪霞,范晓晖,蔡贵信,等.菜地土壤N_2O排放及其氮素反硝化损失[J].农业环境科学学报,2004,23(5):861-865.

[49]荆光军,朱波,李登煜.成都平原水稻—油菜轮作系统油菜季N_2O排放通量的研究[J].土壤通报,2007,3:482-485.

[50]李楠,陈冠雄.植物释放N_2O速率及施肥的影响[J].应用生态学报,1993,4(3):295-298.

[51]李志国,张润花,赖冬梅,等.西北干旱区两种不同栽培管理措施下棉田CH_4和N_2O排放通量研究[J].土壤学报,2012,49(5):11.

[52]梁东丽,同延安,OVE E,等.干湿交替对旱地土壤N_2O气态损失的影响[J].干旱地区农业研究,2002,20(2):28-31.

[53]刘运通,万运帆,林而达,等.施肥与灌溉对春玉米土壤N_2O排放通量的影响[J].农业环境科学学报,2008,27(3):997-1002.

[54]秦韧,王学锋,刘树堂.盐碱地改良研究进展——东营市河口区"上农下渔"改良模式[J].当代生态农业,2005,14:32-34.

[55]秦小光,蔡炳贵,吴金水,等.土壤温室气体昼夜变化及其环境影响素研究[J].第四纪研究,2005,25(3):376-388.

[56]宋文质,王少彬,曾江海,等.华北地区旱田土壤氧化亚氮的排放[J].环境科学进展,1997,4:50-56.

[57]王跃思,胡玉琼,纪宝明,等.半干旱草原温室气体排放/吸收与环境因子关系研究[J].气候与环境研究,2003,7:295-309.

[58]王重阳,郑靖,顾江新,等.下辽河平原几种旱作农田N_2O排放通量及其相关影响因素的研究[J].农业环境科学学报,2006,25(3):657-663.

[59]杨芙蓉,杨恒智.内蒙古巴彦淖尔地区土壤养分状况及施肥现状[J].内蒙古农业科技,2008,2:49.

[60]杨婷婷,胡春元,丁国栋,等.内蒙古河套灌区盐碱土肉眼识别标志及造林技术

[J].内蒙古农业大学学报(自然科学版),2005,3:44-49.

[61]岳勇,郝芳华,李鹏,等.河套灌区陆面水循环模式研究[J].灌溉排水学报,2008,3:69-71.

[62]张海楼,安景文,刘慧颖,等.玉米施用氮肥和有机物N_2O释放研究[J].玉米科学,2012,20(2):134-137.

[63]邹建文,黄耀,宗良纲,等.不同种类有机肥施用对稻田CH_4和N_2O排放的综合影响[J].环境科学,2003,4:7-12.

第二章

内蒙古河套灌区盐碱土壤微生物群落多样性

内蒙古河套灌区地处内蒙古高原西部的干旱半干旱地区,是我国三大灌区之一,也是我国重要的粮油生产基地。在温带大陆性气候、富含盐分母质、地表和地下水动力作用以及地形等因素的综合作用下,该地区出现大面积的土地盐碱化现象(亢庆等,2005),盐碱化导致土壤板结、肥力下降、作物减产、弃耕和土地撂荒等诸多后果。而以土壤盐碱化为代表的土地退化正是阻碍河套灌区经济持续发展的一个重要原因(赵英时,2006)。

土壤微生物是生物地球化学循环的主要参与者,推动着土壤有机质的代谢过程和土壤养分的循环与转化,可维持农业生态系统过程和功能稳定。土壤微生物作为土壤生态系统结构和功能变化的敏感响应者,可被当成土壤环境变化的指示剂(邹雨坤等,2011)。磷脂脂肪酸(phospholipid fatty acid,PLFA)分析方法既能用于定性又能用于定量(张洪勋等,2003)实验,其结果能够快速、直接、较全面、有效地提供土壤微生物群落信息(白震等,2006;彦慧等,2006),因此被广泛用于测量土壤中微生物量和微生物群落结构。磷脂是构成生物细胞膜的主要成分,约占细胞干重的5%(White等,1979),细胞死亡后磷脂会快速降解,所以可以用于表征微生物群落中存活的群体。

内蒙古河灌地区受盐碱危害的土地面积约占总面积的23.3%,严重制约粮食生产(李凤霞等,2011;刘鑫等,2011;安永清等,2008)。本章研究该地区盐碱地中土壤微生物生态特性,其结果有助于揭示特定区域土壤生态系统中微生物群落结构多样性对不同盐碱地的响应,可为盐碱地中脆弱的生态系统的保护、修复与重建提供重要的理论和实践依据。

2.1 材料与方法

2.1.1 研究区概况

研究区域位于我国西北内陆的蒙古高原,处黄河上游,平均海拔高于1 000 m,属于干旱半干旱大陆性气候,年平均降水量有139~222 mm,年平均蒸发量1 999~2 346 mm,是典型的干旱少雨气候(安永清等,2008)。该区在地质构造上属于断陷盆地、湖相沉积,盆地基底东南高、西北低;土壤母质含盐,质地松散;地势由西南向东北倾斜,东西坡降平缓(1/5 000~1/8 000),南北坡降平缓(1/4 000~1/8 000)(王学全等,2005)。

2.1.2 研究方法

2.1.2.1 土样采集

实验于2013年8月上旬进行,在巴彦淖尔市东南部、黄河北岸、河套平原东端的乌拉特前旗土壤上共设3个样方(10 m×10 m),每个样方设10个样点(1 m×1 m)。采用"S"形布点法采集样方0~10 cm土层的土壤。其中一部分土样在20 ℃温度下保存,另一部分土样风干后进行土壤理化性状测定。

2.1.2.2 理化特性分析方法及仪器

土壤pH:电位测定法—酸度计。土壤全磷:高氯酸—硫酸法。土壤全氮:凯氏定氮法。土壤有机质:重铬酸钾滴定法—稀释热法。土壤盐分:利用全谱直读等离子体发射光谱仪直接测定。

2.1.2.3 土壤微生物磷脂脂肪酸提取方法

首先,称取5.0 g新鲜土壤,使用单相提取剂柠檬酸缓冲溶液[氯仿:甲醇:柠檬酸=1:2:0.8(体积比)];用SPE柱(5 mL氯仿活化)分离,分别加入10 mL氯仿、丙酮,最后用10 mL甲醇淋洗,收集完成后用氮气吹干。其次,通过温和碱性甲酯转化为磷脂脂肪酸甲酯,采用Thermal GC-MS进行分析。最后,采用上海安普公司的37种脂肪酸甲酯的混合标准溶液作为外标,以十九烷酸甲酯内标物进行定量标定。

色谱条件:进样量为1 μL,离子源温度为230 ℃,进样口温度为250 ℃,不分流,流速为50 mL/min,载气流速为0.9 mL/min,传输线温度为250 ℃。质谱扫描范围:50~600 m/z。升温程序:进样后在70 ℃保持5 min,然后以20 ℃/min的速率升至190 ℃,保持1 min,以5 ℃/min的速率上升至200 ℃,停留2 min,以10 ℃/min的速率上升至280 ℃,保持8 min。

2.1.3 数据分析

用Excel软件进行数据处理并绘图,通过SPSS 20.0进行方差分析(ANOVA)($P<0.05$)、相关性分析(correlation analysis)和聚类分析(cluster analysis),用CANOCO进行主成分分析(principal components analysis,PCA)。

微生物多样性分析采用Shannon-Wiener多样性指数(H)、Brillouin多样性指数(B)、Pielou均匀度指数(J)、Simpson优势度指数(D)等方法。

① Shannon-Wiener多样性指数(H)

计算公式:

$$H = -\sum P_i \ln P_i \qquad (2-1)$$

式中,$P_i=N_i/N$,N_i为处理过的特征脂肪酸个数,N为该实验中总特征脂肪酸个数。

②Pielou 均匀度指数(J)

计算公式:

$$J = -\sum P_i \ln P_i / \ln S \tag{2-2}$$

式中 S 为群落中的脂肪酸的总种类数。

③Simpson 优势度指数(D)

计算公式为:

$$D = 1 - \sum P_i^2 \tag{2-3}$$

式中,P_i 为第 i 种特征脂肪酸占该实验中总的特征脂肪酸个数的比例。

④Brillouin 多样性指数(B)

计算公式为:

$$B = \frac{1}{N} \lg \left[\frac{N!}{n_1! n_2! \cdots n_i!} \right] \tag{2-4}$$

式中,n_1 为第 1 个磷脂脂肪酸(PLFA)生物标记的个体量,n_2 为第 2 个磷脂脂肪酸生物标记的个体量,n_i 为第 i 个磷脂脂肪酸生物标记的个体量,N 为所有供试处理中磷脂脂肪酸生物标记出现的个体量总和。

2.2 河套灌区盐碱土壤微生物分布的研究结果与分析

2.2.1 河套灌区盐碱土壤基本理化性质

盐土、强度盐化土和轻度盐化土的含盐量依次降低,盐土的 pH 最大,强度盐化土最小,但是三者的 pH 均在 7 以上,说明它们都呈碱性。土壤全氮、有机质在强度盐化土中都多于轻度盐化土,盐土的土壤全磷、有机质最少。(具体数值见表 2-1)(王遵亲,1993)

表2-1　不同盐碱度土壤理化性质数值

土壤类型	pH	含盐量/%	土壤全氮/ (g·kg^{-1})	土壤全磷/ (g·kg^{-1})	土壤有机质/ (g·kg^{-1})
盐土	8.79	1.69	2.22	0.55	28.79
强度盐化土	7.88	0.83	2.44	0.81	38.92
轻度盐化土	8.11	0.12	2.09	0.85	37.53

2.2.2 不同盐碱程度土壤微生物量的变化

2.2.2.1 不同盐碱程度土壤微生物PLFA分析

从不同盐碱程度的土壤中共检测到27种PLFA(见表2-2),其中,细菌PLFA有13种,真菌PLFA有7种,原生动物有3种,厌氧细菌有2种,嗜压/嗜冷细菌有2种。不同盐碱程度土壤中,含量较高的3个PLFA生物标记有所不同。盐土的PLFA含量与强度盐化土和轻度盐化土存在明显差异。各盐碱程度土壤中各微生物磷脂脂肪酸含量较其他土壤都比较低,与其他研究结果符合(邹雨坤等,2011;林生等,2013;张秋芳等,2009)。

表2-2　不同盐碱程度土壤微生物PLFA标记分析　　　　　　单位:μg·g^{-1}

生物标记	微生物类型	盐土	强度盐化土	轻度盐化土
12:0	细菌	0.13±0.01[b]	0.24±0.03[a]	0.19±0.05[a]
13:0	细菌	0.03±0.02[a]	0.01±0.00[a]	0.02±0.01[a]
14:1	细菌	0.06±0.00[a]	0.09±0.00[a]	0.06±0.01[a]
14:0	厌氧细菌	0.11±0.02[b]	0.20±0.00[a]	0.03±0.01[c]
15:0	厌氧细菌	0.06±0.01[a]	0.09±0.01[a]	0.06±0.00[a]
16:1	细菌	0.12±0.03[b]	0.39±0.01[a]	0.46±0.08[a]
17:1	细菌	0.06±0.00[a]	0.07±0.00[a]	0.13±0.08[a]
16:0	细菌	0.12±0.03[b]	0.24±0.02[a]	0.27±0.04[a]
17:0	细菌	0.08±0.03[a]	0.15±0.01[a]	0.10±0.01[a]
18:3ω6c	真菌	0.08±0.01[b]	0.13±0.01[a]	0.10±0.01[a]
18:1ω9c	真菌	0.09±0.02[b]	0.20±0.01[a]	0.16±0.01[a]

续表

生物标记	微生物类型	盐土	强度盐化土	轻度盐化土
18:1ω9t	真菌	0.09±0.02[b]	0.20±0.01[a]	0.16±0.01[a]
18:0	细菌	0.12±0.03[a]	0.19±0.03[a]	0.19±0.02[a]
18:2	真菌	0.09±0.02[b]	0.20±0.01[a]	0.16±0.01[a]
18:3ω3c	真菌	0.09±0.02[b]	0.20±0.01[a]	0.16±0.01[a]
20:4	原生动物	0.11±0.00[b]	0.11±0.00[b]	0.12±0.00[a]
20:5	嗜压/嗜冷细菌	0.09±0.00	0.13±0.02	0.10±0.00
20:3ω6c	原生动物	0.09±0.01	0.10±0.02	0.09±0.00
20:2	细菌	0.08±0.01[a]	0.05±0.00[b]	0.08±0.01[a]
20:1	细菌	0.08±0.01[b]	0.11±0.00[a]	0.08±0.01[b]
20:3ω3c	原生动物	0.08±0.01[b]	0.11±0.00[a]	0.08±0.01[b]
20:0	细菌	0.05±0.00	0.07±0.00	0.07±0.01
21:0	真菌	0.09±0.00	0.09±0.00	0.10±0.00
22:6	嗜压/嗜冷细菌	0.14±0.01[a]	0.14±0.01[a]	0.14±0.00[a]
22:1	细菌	0.09±0.00	0.12±0.00	0.10±0.02
22:0	细菌	0.08±0.01[b]	0.11±0.01[a]	0.09±0.01[a]
23:0	真菌	0.09±0.00[a]	0.10±0.00[a]	0.10±0.01[a]

注：ω、c和t分别表示脂肪酸端、顺式空间构造和反式空间构造；不同上标小写字母表示同列数据之间有差异。

2.2.2.2 不同盐碱程度土壤中PLFA总量比较

各盐碱程度土壤的脂肪酸生物标记总量方差分析后的结果如图2-1所示，盐土与其他两种土壤磷脂脂肪酸总量有显著性差异（$P<0.05$）。强度盐化土和轻度盐化土的土壤微生物脂肪酸生物标记总量分别为3.81 $\mu g \cdot g^{-1}$ 和3.42 $\mu g \cdot g^{-1}$，明显高于盐土土壤微生物脂肪酸生物标记总量2.40 $\mu g \cdot g^{-1}$。磷脂脂肪酸生物标记总量与微生物总的含量呈线性比例关系，这意味着高盐度与高碱度对土壤微生物的活性表现出抑制作用，从而导致了盐土的微生物总数最少。盐化作用对微生物的危害有时甚至比重金属污染对微生物的危害

更加严重(Sardinia 等,2003)。Yuan 等研究发现在干旱环境中高盐土壤对土壤微生物量有较大改变作用(Yuan 等,2007)。康贻军等指出,细菌数量与土壤全盐含量呈显著负相关关系,土壤盐害程度越高,微生物数量越少,土壤细菌和真菌的数量从大到小依次为轻度盐化土、中度盐化土、重度盐化土和盐土(Yu 等,2003;康贻军等,2007)。本章研究结论与上述结论基本一致。

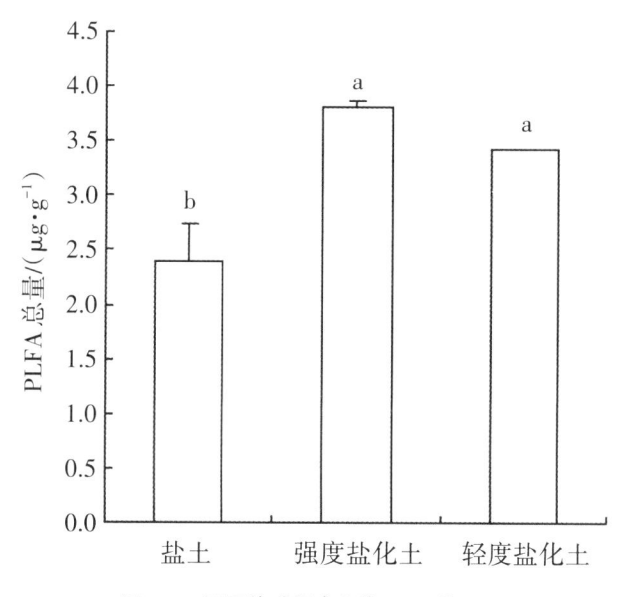

图2-1 不同盐碱程度土壤PLFA总量图

2.2.2.3 不同盐碱程度土壤主要微生物含量比较

由图2-2可知,三种土壤中的微生物均以细菌为主,真菌与原生动物的数量都较少。盐化程度越重,细菌所占的比例越高,总体数量来看细菌具有绝对优势(孙佳杰等,2010)。盐土中表征细菌的12:0,13:0,14:1,16:1,17:1,16:0,17:0,18:0,20:2,20:1,20:0,22:1,22:0标记物含量(1.64 $\mu g \cdot g^{-1}$)和表征真菌的18:3ω6c,18:1ω9c,18:1ω9t,18:2,18:3ω3c,21:0,23:0标记物含量(0.62 $\mu g \cdot g^{-1}$)数量也都明显小于强度盐化土(细菌标记物含量2.59 $\mu g \cdot g^{-1}$,真菌标记物含量1.12 $\mu g \cdot g^{-1}$)和轻度盐化土(细菌标记物含量2.38 $\mu g \cdot g^{-1}$,真菌标记物含量

0.94 μg·g^{-1})。盐土的真菌数与强度盐化土、轻度盐化土的差异明显,这表明真菌受到了高盐度和高碱度的抑制作用。这与张巍等(2008)的结论相同,但与Bardgett等(1999)所探究的真菌比细菌更能适应养分贫瘠的条件的结论相反。强度盐化土、轻度盐化土中真菌数量没有明显差异,这些则表明了盐度对真菌影响无规律性(张瑜斌等,2008),但也可能与真菌本身的抗逆性强有关(乔正良等,2006)。原生动物的数量在三种土壤中没有明显差异,说明原生动物受盐碱程度影响很小。

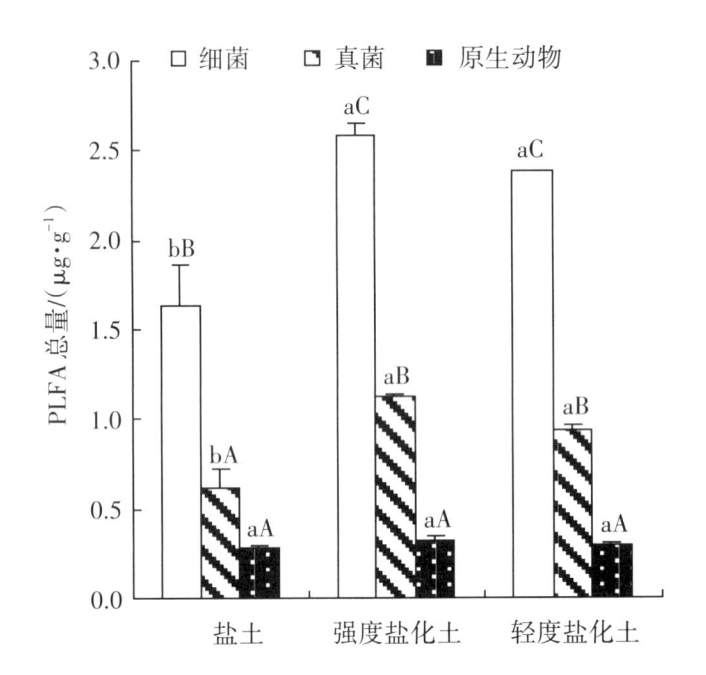

图2-2 不同盐碱程度土壤主要微生物PLFA总含量

注:不同小写字母表示不同土壤同一种微生物间差异显著($P<0.05$),不同大写字母表示同一土壤中不同微生物间差异显著($P<0.05$)

2.2.3 不同盐碱程度土壤微生物群落结构变化

将不同盐碱程度土壤各PLFA标记生物量为指标,以27种PLFAs为样本,构建矩阵,并以欧氏距离为尺度,用最小距离法进行系统聚类,结果如图2-3所示。盐土中的优势类群生物标记有表征细菌的12:0,16:1,17:1,表征真菌的18:3ω3c,表征嗜压/嗜冷细菌的22:6;在强度盐化土中的优势类群生物标记有表征细菌的12:0,14:1,16:0,17:0,18:0,20:2,20:1,20:0,22:1,22:0,表征厌氧细菌的15:0,表征真菌的18:3ω6c,18:1ω9c,18:1ω9t,18:2,18:3ω3c,21:0,23:0,表征原生动物的20:3ω3c,表征嗜压/嗜冷细菌的22:6;在轻度盐化土壤中的优势类群生物标记有表征细菌的12:0,13:0,14:1,17:0,18:0,20:2,20:1,20:0,22:1,22:0,表征厌氧细菌的14:0,15:0,表征真菌的18:3ω6c,18:1ω9c,18:1ω9t,18:2,18:3ω3c,21:0,23:0,表征原生动物的20:4,20:3ω6c,20:3ω3c,表征嗜压/嗜冷细菌的20:5,22:6。可以看出,不同盐碱地土壤微生物PLFA的不同标记物聚类优势类群发生了明显的改变。由此可见,不同盐碱程度的土壤微生物组成和数量都发生了变化,以上结果表明土壤盐碱化程度不同,土壤微生物结构必然发生变化。

2.2.4 不同盐碱程度土壤微生物群落多样性指数

由表2-3看出,轻度盐化土的Shannon-Wiener、Simpson和Brillouin等多样性指数都比强度盐化土和盐土的大。轻度盐化土的各项指标均高于盐土和强度盐化土,其微生物多样性丰富,且不同物种的个体数量分布均匀;强度盐化土中微生物多样性比盐土丰富,但其不同物种的个体数量不如盐土的个体数量分布均匀。由此可以得出,盐碱程度越大,主要土壤微生物PLFA标记物多样性越单一,反之则越丰富。

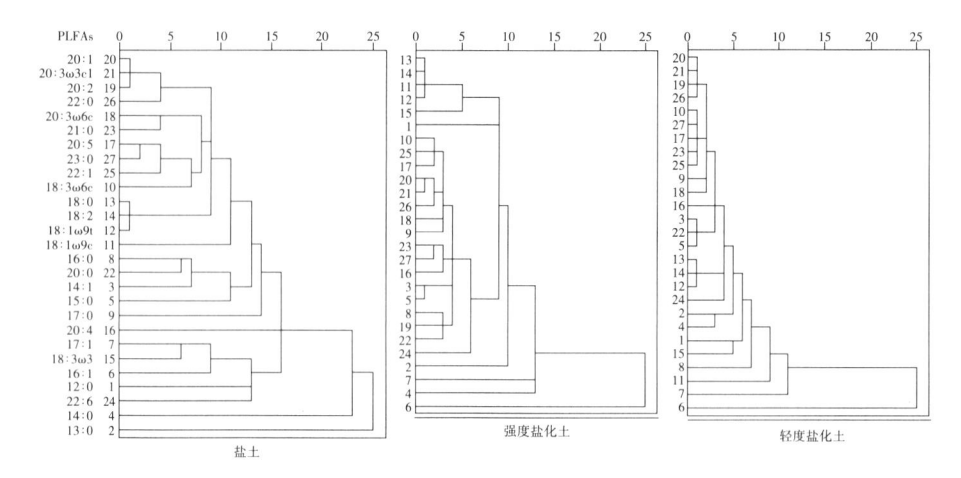

图 2-3　不同盐碱程度土壤微生物群落 PLFA 生物标记各生物量聚类分析

表 2-3　不同盐碱程度土壤微生物群落多样性指数

土壤类型	Shannon-Wiener	Pielou	Simpson	Brillouin
盐土	0.95	0.86	0.56	0.26
强度盐化土	1.34	0.83	0.69	0.48
轻度盐化土	1.40	0.87	0.71	0.51

2.2.5 不同盐碱程度土壤 PLFA 与土壤肥力因子的相关性

以 PLFA 标记物为物种，把土壤含盐量、pH、土壤有机质、土壤全氮和土壤全磷作为环境变量，得出主成分分析物种—环境双序图（如图 2-4 所示）。两个排序轴对物种变量的解释量达 94.3%，可将其作为主成分轴。土壤含盐量、pH、土壤有机质和土壤全磷与第一主成分轴有很好的相关性，且土壤含盐量、pH 与第一主成分轴呈正相关关系，相关系数分别为 0.875 7，0.909 1；土壤有机质和土壤全磷与第一主成分轴呈负相关关系，相关系数分别为 -0.939 8 和 -0.899 2。与环境变量夹角较小，可以认为两者具有较好的相关性，图中 PLFA 标记物 16:0，16:1，18:0，20:0，18:1ω9c，18:1ω9t 等与土壤有机质和土壤全磷有极强的相关性。物种变量只有 PLFA 标记物 13:0 与 pH 有极强的相关性。土壤全氮与 PLFA 标记物 15:0，14:1，20:3ω6c 和 14:0 有很强的相关性。土壤中磷脂脂肪酸标记物与土壤全磷、土壤全氮和土壤有机质之间具有极强的相关性,得出土壤全磷、全氮与土壤有机质是土壤微生物生命活动所需养分和能量的主要来源。邓欣等(2006)研究表明,土壤微生物量与土壤的肥沃程度相关,土壤有机质含量越大,其微生物量也越大。

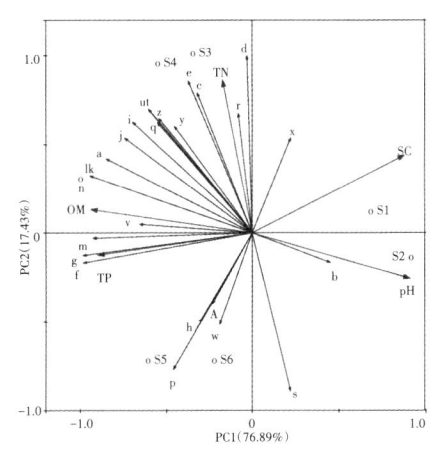

a-12:0,b-13:0,c-14:1,d-14:0,e-15:0,f-16:1,g-17:1,h-16:0,i-17:0,j-18:3ω6c,k-18:1ω9c,l-18:1ω9t,m-18:0,n-18:2,o-18:3ω3c,p-20:4,q-20:5,r-20:3ω6c,s-20:2,t-20:1,u-20:3ω3c,v-20:0,w-21:0,x-22:6,y-22:1,z-22:0,A-23:0

TN——土壤全氮,OM——土壤有机质,TP——土壤全磷,pH——土壤pH,SC——土壤含盐量

图2-4 土壤中微生物PLFA图谱主成分分析物种—环境双序图

如图2-4所示,6个样点可以分为3类。第Ⅰ类样点1和2,取自盐土;第Ⅱ类样点3和4,取自强度盐化土;第Ⅲ类样点5和6,取自轻度盐化土。第Ⅰ类样点将标记物的射线延长,样点均投射在该延长线上,以投射点到物种实心箭头处相对距离为标准距离;沿着箭头方向为增大,反之为减小,射线长度可说明相应样点中对应的标记物多度值大小。从图中可知,大部分PLFA标记物多度值排序为第Ⅱ类样点>第Ⅲ类样点>第Ⅰ类样点,只有PLFA标记物13:0多度值在第Ⅰ类样点处最大(邓欣等,2005)。主成分分析的结果也表明,不同盐碱程度土壤的PLFA分布在第二主成分的坐标平面上的位置不同,因此不同盐碱程度土壤微生物的群落结构有着明显的区别。

结合上述分析结果,可根据该盐碱地土壤中细菌和真菌的理化特性制定改善盐碱土壤生态环境的策略。选育适宜在高盐碱环境中迅速生长繁殖的有益微生物,其对盐碱成分具有较强的分解、转化、利用能力,并大量合成多种可供有益微生物和植物利用、吸收的物质。这为改善土壤环境和保证土壤微生物多样性的研究提供一种新的研究思路。

2.3 内蒙古河套灌区盐碱土壤微生物分布的研究结论

(1)通过磷脂脂肪酸(PLFA)法定量分析,其结果表明不同盐碱程度地区土壤微生物PLFA的种类和含量都发生了改变。土壤盐碱程度越高,土壤微生物PLFA的总量与表征细菌和真菌的PLFA含量都越低。

(2)不同盐碱程度土壤微生物PLFA含量单一因素聚类发生了显著改变。多样性指数分析表明盐度和碱度越大,主要土壤微生物PLFA标记物多样性越单一,反之则越丰富;土壤中PLFA标记物与土壤全磷、全氮和土壤有机质之间呈正相关关系,土壤全磷、全氮与土壤有机质是土壤微生物生命活动所需养分和能量的主要来源。

参考文献

[1]BAATH E,ANDERSON T H.Comparison of soil fungal/bacterial ratios in a pH gradient using physiological and PLFA based techniques[J].Soil Biology and Biochemistry,2003,35(7):955-963.

[2]BARDGETT R D,CHAN K F.Experimental evidence that soil fauna enhance nutrient mineralization and plant nutrient uptake in montane grassland ecosystems[J].Soil Biology and Biochemistry,1999,31(7):1007-1014.

[3]BREMER C,BRAKER G,MATTHIES D,et al.Impact of plant functional group, plant species and sampling time on the composition of nirK-type denitrifier communities in soil[J].Applied and Environmental Microbiology,2007,73:6876-6884.

[4]FROSTEGARD A,BAATH E.Use of phospholipid fatty acid analysis to estimate bacterial and fungal biomass in soil[J].Biology and fertility of soils,1996,22:59-65.

[5]HARWOOD J L,RUSSEL N J.Lipids in Plants and Microbes[M].London:Allen and

Unwin,1984.

[6]HILL G T,MITKOWSKI N A,ALDRICH-WOLFE L,et al.Methods for assessing the composition and diversity of soil microbial communities[J].Applied Soil Ecology,2000,15(1):25-36.

[7]JOERGENSEN R G,POTTHOFF M.Microbial reaction in activity,biomass and community structure after long-term continuous mixing of a grassland soil[J].Soil Biology and Biochemistry,2005,37:1249-1258.

[8]KIMURA M,ASAKAWA S.Comparison of community structures of microbiota at main habitats in rice field ecosystems based on phospholipid fatty acid analysis[J].Biology and Fertility of Soils,2006,43:20-29.

[9]OHANSEN A,OLSSON S.Using phospholipid fatty acid technique to study short term effects of the biological control agent *Pseudomonas fluorescens* DR54 on the microbial microbiota in barley rhizosphere[J].Microbial Ecology,2005,49:272-281.

[10]SAKAMOTO K,LIJIMA T,HIGUCHI R.Use of specific phospholipid fatty acids for identifying and quantifying the external hyphae of the arbuscular mycorrhizal fungus Gigaspora rosea [J].Soil Biology and Biochemistry,2004,36(1):1827-1834.

[11]SARDINIA M,MULLER T,SCHMEISKY H,et al.Microbial performance in soils along a salinity gradient under acidic conductions[J].Applied Soil Ecology,2003,23:237-244.

[12]TUNLID A,WHITE D C.Biochemical analysis of biomass community structure,nutritional status and metabolic activity of microbial communities in soil[J].Soil Biology and Biochemistry,1992,7:229-262.

[13]VESTAL J R,WHITE D C.Lipid analysis in microbial ecology:Quantitative approaches to the study of microbial communitiess[J].Bioscience,1989,39(8):535-541.

[14]WHITE D C,DAVIS W M,NICKELS J S,et al.Determination of the sedimentary microbial biomass by extractible lipid phosphate[J] Oecologia,979,40:51-62.

[15]俞慎,何振立,黄昌勇.金属胁迫下土壤微生物和微生物过程研究进展[J].应用生态学报,2003,14(4):618-622.

[16]YUAN B,LI Z,LIU H,et al.Microbial biomass and activity in salt affected soils under arid conditions[J].Applied Soil Ecology,2007,35:319-328.

[17]安永清,屈永华,高洪永,等.内蒙古河套灌区土壤盐碱化遥感监测方法研究[J].遥感技术与应用,2008,23(3):316-322.

[18]白震,何红波,张威,等.磷脂脂肪酸技术及其在土壤微生物研究中的应用[J].生态学报,2006,26(7):2387-2394.

[19]邓欣,刘艳红,谭济才,等.不同种植年限有机茶园土壤微生物群落组成及活性比较[J].湖南农业大学学报(自然科学版),2006,32(1):53-56.

[20]邓欣,谭济才,尹丽蓉,等.不同茶园土壤微生物数量状况调查初报[J].茶叶通讯,2005,32(2):7-9.

[21]康贻军,胡建,董必慧.滩涂盐碱土壤微生物生态特征的研究[J].农业环境科学学报,2007,26(S1):181-183.

[22]亢庆,于嵘,张增祥,等.基于多源数据的土地盐碱化遥感快速监测[J].遥感信息,2005,6:42-45.

[23]李凤霞,郭永忠,许兴.盐碱地土壤微生物生态特征研究进展[J].安徽农业科学,2011,39(23):14065-14174.

[24]林生,庄家强,陈婷,等.不同年限茶树根际土壤微生物群落PLFA生物标记多样性分析[J].生态学杂志,2013,32(1):64-71.

[25]刘鑫,魏占民,王长生,等.基于ArcGIS的河套灌区土壤盐碱化空间分析[J].人民黄河,2011,33(12):88-91.

[26]乔正良,来航线,强郁荣,等.陕西主要盐碱土中微生物生态初步研究[J].西北农业学报,2006,15(3):60-64.

[27]孙佳杰,尹建道,解玉红,等.天津滨海盐碱土土壤微生物生态特征研究[J].南京林大学学报(自然科学版),2010,34(3):57-61.

[28]王学全,卢琦,高前兆.内蒙古河套灌区引用黄河水量分析[J].干旱区研究,2005,22(2):146-151.

[29]王遵亲,祝寿泉,俞仁培,等.中国盐渍土[M].北京:科学出版社,1993.

[30]彦慧,蔡祖聪,钟文辉.磷脂脂肪酸分析方法及其在土壤微生物多样性研究中的应用[J].土壤学报,2006,43(5):851-859.

[31]张洪勋,王晓谊,齐鸿雁.微生物生态学研究方法进展[J].生态学报,2003,23(5):988-995.

[32]张秋芳,刘波,林营志,等.土壤微生物群落磷脂脂肪酸PLFA生物标记多样性[J].生态学报,2009,29(8):4127-4136.

[33]张巍,冯玉杰.松嫩平原盐碱化草原土壤微生物的分布及其与土壤因子间的关系[J].草原与草坪,2008,128(3):7-11.

[34]张瑜斌,林鹏,魏小勇,等.盐度对稀释平板法研究红树林区土壤微生物数量的影响[J].生态学报,2008,28(3):1287-1296.

[35]赵英时.遥感应用分析原理与方法[M].北京:科学出版社,2006.

[36]邹雨坤,张静妮,杨殿林,等.不同利用方式下羊草原土壤生态系统微生物群落结构的PLFA分析[J].草业学报,2011,20(4):27-33.

第三章

内蒙古河套灌区不同盐碱程度土壤CH$_4$吸收规律

在过去200年里,大气CH$_4$浓度增大了2.5倍(IPCC,2007)。以前,大多数研究集中在土壤CH$_4$排放源上(江长胜等,2006;焦燕等,2005;邹建文等,2003;胡正华等,2011),而针对CH$_4$吸收汇的研究较少。通气排水良好的森林、草地和农田土壤是大气CH$_4$的重要汇,甚至干旱沙漠土壤中都有CH$_4$吸收存在(Striegl等,1992),这些汇约占全球CH$_4$汇的10%(Lowe,2006)。不同环境和管理因素的CH$_4$吸收汇在不同生态系统中表现出很大的变化(Wang等,2001;Zhang等,2002)。

盐碱土壤是地球上广泛分布的一种土壤,约占陆地总面积的25%(Pisinaras等,2010)。我国约有盐碱土壤0.99亿hm^2,主要分布在东北、华北、西北内陆地区以及长江以北沿海地带(徐恒刚,2016)。内蒙古河套灌区盐渍化面积约24.2万hm^2,约占内蒙古盐渍化土地面积的70%,位于灌区末端的乌拉特前旗的面积达到了60%(刘全明等,2016)。土壤中含盐量过高造成渗透胁迫,特定离子毒性(营养失衡)影响微生物细胞活动、土壤物理化学特性、微生物酶活性及其和土壤碳氮过程相关的微生物活动(Pathak,Rao,1998),进而影响土壤CH$_4$吸收。然而,目前针对盐碱土壤对CH$_4$吸收或者消耗的报道非常少,盐碱程度对CH$_4$吸收的影响在土壤CH$_4$汇中没有被考虑(Zhang等,2011)。

以前的很多研究集中在把不同浓度的盐碱添加到非盐碱土壤后CH_4吸收变化的室内培养实验中(King等,1998;Whalen等,2000),没有深层次探究土壤加入外源盐碱后与野外天然盐碱土壤的区别,两者的不同有可能是土壤的微生物没有充足时间适应盐碱添加后改变的环境(Hart等,2006)。因此,本章选择内蒙古河套灌区农业耕作区盐碱土壤,利用静态暗箱法野外原位观测盐碱土壤CH_4吸收,从而确定不同盐碱程度土壤对CH_4吸收的响应程度,估算不同盐碱程度土壤CH_4吸收潜力,探寻不同盐碱程度土壤控制CH_4吸收机制,这对降低我国农田温室气体吸收总量估算的不确定性具有十分重要的意义。

3.1 材料与方法

3.1.1 研究区概况

研究区位于内蒙古河套灌区最具代表性的盐碱土壤种植区——乌拉特前旗灌域,该地处于我国西北黄河上中游干旱、半干旱地区,具有温带大陆性气候。年平均日照时数为3 202 h,年平均气温在3.6~7.3 ℃范围内变化,最高和最低极端温度分别为38.9 ℃和-36.5 ℃,年平均无霜期120 d左右,年平均降水量200~260 mm,年平均蒸发量1 900~2 300 mm。

本次选择临近的不同盐碱程度土壤农田作为研究地(S1:盐化土壤,EC=4.80 dS·m^{-1},盐含量1.69%;S2:强度盐碱土壤,EC=2.60 dS·m^{-1},盐含量0.83%;S3:轻度盐碱土壤,EC =0.74 dS·m^{-1},盐含量0.12%)(EC指电导率),土壤盐化分级标准见表3-1(王遵亲等,1993);S1、S2和S3研究地之间距离约为500 m,土壤类型和坡度相同,总占地面积约5 hm^2,每个研究地设置3个重复点,每个点占地面积100 m×100 m,土壤盐含量见表3-2。

表3-1 土壤盐化分级标准

盐分系类及适用地区	土壤盐含量/% 非盐化	轻度	中度	强度	盐土	盐渍类型
滨海、半湿润、半干旱、干旱区	<0.1	0.1~0.2	0.2~0.4	0.4~0.6 (1.0)	>0.6 (1.0)	$HCO_3^-+CO_3^{2-}$、Cl^-、$Cl^--SO_3^{2-}$、$SO_4^{2-}-Cl^-$
半漠境及漠境区	<0.2	0.2~0.3 (0.4)	0.3(0.4)~0.5(0.6)	0.5(0.6)~1.0(2.0)	>1.0 (2.0)	SO_4^{2-}、$Cl^--SO_4^{2-}$、$SO_3^{2-}-Cl^-$

注：(1)括号中的数值代表有的地区使用的标准；(2)"+"代表两种盐含量都高，"-"代表第一种盐含量高，第二种盐含量低。

表3-2 实验区不同盐碱程度土壤盐含量　　　　单位：%

土壤	K^+	Na^+	Ca^{2+}	Mg^{2+}	SO_4^{2-}	CO_3^{2-}	HCO_3^-	Cl^-	总含盐量
S1	0.015	0.400	0.073	0.054	0.740	0.000	0.051	0.360	1.693
S2	0.006	0.120	0.083	0.045	0.390	0.000	0.048	0.140	0.832
S3	0.002	0.009	0.014	0.006	0.013	0.000	0.064	0.010	0.118

注：S1表示盐化土壤，S2表示强度盐碱土壤，S3表示轻度盐碱土壤，下同。

农田每年6月耕种，10月收割，种植作物前采用机械犁地，不同盐碱程度土壤理化特性见表3-3。施肥种类：基肥施入磷酸二铵，追肥施入尿素。肥料施用量：向日葵种植前基肥施入总氮量100 kg·hm^{-2}，追肥施入总氮量200 kg·hm^{-2}。病虫草害化学防治、磷钾肥施用量以及其他田间管理措施与当地农田生产的典型管理措施相一致，各处理相同。

表3-3 不同盐碱程度土壤理化特性

土壤类型	$w(TP)/(g·kg^{-1})$	$w(SOC)/(g·kg^{-1})$	$w(TN)/(g·kg^{-1})$	砂粒/%	黏粒/%
S1	1.10±0.09[a]	14.12±1.16[a]	1.70±0.05[ab]	51.12	20.31
S2	1.16±0.01[a]	15.38±0.83[a]	2.14±0.18[a]	56.25	26.34
S3	0.78±0.03[b]	10.31±0.28[b]	1.39±0.06[b]	63.36	32.06

注：TP——土壤全磷，SOC——土壤有机碳，TN——土壤全氮；同列不同上标小写字母表示不同盐碱程度土壤间差异显著（$P<0.05$）。

3.1.2 气样采集与测定

2014年4月至2016年10月,利用静态暗箱法采集农田野外原位气体。箱子长、宽、高为0.5 m、0.5 m、0.5 m。向日葵田行距50 cm,株距30 cm。采样箱罩在行上,箱体内没有植物。每次采集时间为上午07:00—10:00,用连接三通的100 mL注射器从采样箱的采样口抽气约100 ml,每个气体采集时间间隔5 min (0 min,5 min,10 min,15 min和20 min),每个盐碱程度土壤采集时间为20 min,7—9月每10天采集1次气体,4月和10月每月采集2次,每个重复点设置3个固定采集样品点。气体应用气相色谱仪(Agilent 6820D气相色谱仪,美国)进行测定分析。对每个采集箱的5个气体CH_4混合比和相对应的采集间隔时间(0 min,5 min,10 min,15 min和20 min)进行直线回归,可得土壤CH_4吸收速率。根据大气压力、气温、普适气体常数、采样箱的有效高度和CH_4分子质量,得到单位面积CH_4吸收通量(Wang等,2003)。

3.1.3 土壤采集和测定

采集气体的同时利用内径5 cm、高100 cm的土钻采集土壤。7—9月每10天采集1次,4月和10月每月采集2次。不同盐碱程度土壤每个重复点用"S"形取样法,选择10个取土点,采集的土壤均匀混合,装入密封袋,放入4 ℃冰箱,供土壤有机碳、全氮、NH_4^+-N和NO_3^--N等指标测定。土壤温度:温度测定仪(哈纳HI98501温度测定仪,意大利);水分:TDR水分测定仪(SPectrum TDR300土壤水分测定仪,美国);土壤有机碳(SOC):TOC仪测定(Picarro TOC-CRDS,美国);土壤全氮(TN)、土壤铵态氮(NH_4^+-N)、硝态氮(NO_3^--N):流动分析仪测定(Futura Alliance连续流动分析仪,法国);土壤pH:电位计法;EC:复合电极法;土壤密度(ρ_b):环刀法;土壤质地:比重计速测法;土壤盐分:碳酸根离子(CO_3^{2-})、碳酸氢根离子(HCO_3^-)用电位滴定法测定,氯离子(Cl^-)、硫酸根离子(SO_4^{2-})、钾离子(K^+)、钠离子(Na^+)、钙离子(Ca^{2+})、镁离子(Mg^{2+})利用电感耦合等离子体质谱仪测定(ICAP-RQ电感耦合等离子体质谱仪,德国)。

3.1.4 数据计算方法

CH_4吸收通量和CH_4吸收速率计算公式分别如式(3-1)、(3-2)所示(Osudar等,2015)

$$K = H \times (M_c P T_0)/(V_0 P_0 T) \times (dc/dt) \times 1\,000 \quad (3-1)$$

式中,K为CH_4气体吸收通量,单位为$\mu g \cdot (m^2 \cdot h)^{-1}$;$H$为静态暗箱高度,单位为cm;$M_c$为温室气体的摩尔质量,单位为$g \cdot mol^{-1}$;$V_0$为标准状态下$CH_4$的摩尔体积,单位为$L \cdot mol^{-1}$;$P_0$和$T_0$分别为标准状态下的大气压强和温度,单位分别为Pa和℃;P和T分别为采样点的实际大气压强和温度,单位分别为Pa和℃;dc/dt为采样时CH_4气体浓度随时间变化的斜率,其中c的单位数量级为-6,t的单位为h。

$$P = (dc/dt) \times (V_h/W_s) \times (M_r/M_v) \times [273/(273+T)] \quad (3-2)$$

式中,P为CH_4吸收速率,单位为$ng \cdot (kg \cdot h)^{-1}$;$dc/dt$为单位时间培养瓶内$CH_4$质量浓度的变化量;$V_h$指培养瓶内部空间的体积,单位为ml;$W_s$为土样的质量,单位为g;$M_r$表示$CH_4$的相对分子质量,为16.04;$M_v$为标准状态下1 mol气体的体积,为22.4 L;T为培养温度,单位为℃。

3.1.5 数据统计分析

采用Sigmaplot 13、OriginPro 8和Excel 2010软件进行数据处理和制图,利用SPSS 22.0进行单因素方差分析(ANOVA)CH_4吸收差异的显著性,用相关分析和逐步回归分析来研究土壤特性对CH_4吸收的影响。

3.2 内蒙古河套灌区盐碱土壤 CH_4 吸收的结果与分析

3.2.1 大气温度和降水变化

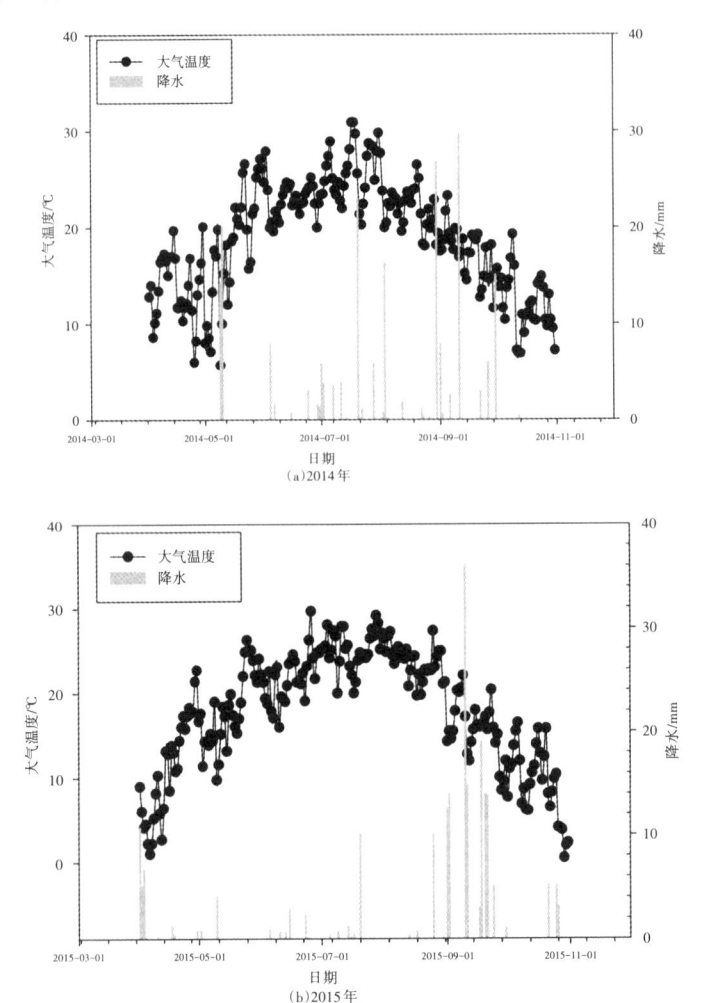

2014—2016年每年4—11月，大气月平均温度的变化趋势基本一致，4月气温开始逐渐升高，7—8月大气温度达到最高值，随后开始缓慢降低。3年中大气降水存在差异，2014年降水量最多，降水频率最高，2016年降水量最少，降水频率最低(图3-1)。

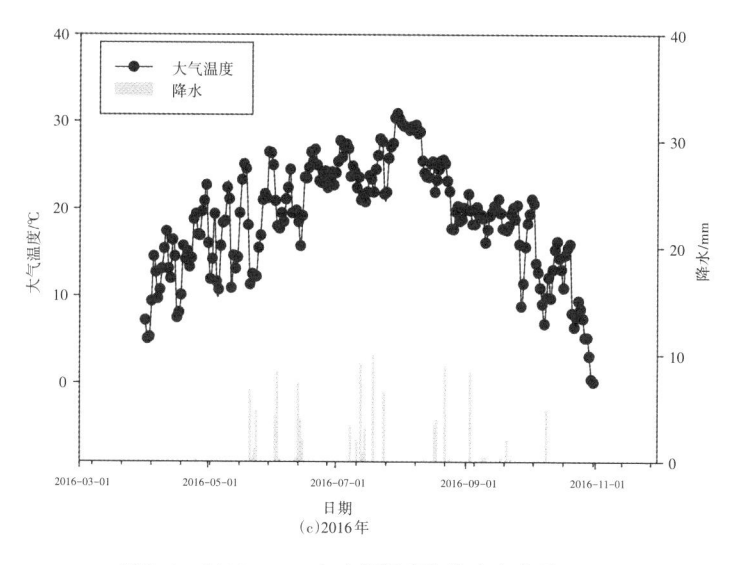

图 3-1 2014—2016 年大气温度和降水变化量

3.2.2 不同盐碱程度土壤 CH₄ 季节性吸收通量和累积吸收量

2014—2016 年 3 个作物生长季，3 种不同盐碱程度土壤（S1，S2，S3）CH₄ 吸收通量存在差异明显的季节性变化，盐碱土壤 CH₄ 吸收通量均值 1.0~108.0 μg·(m²·h)⁻¹。CH₄ 通量是负值，表明盐碱土壤是大气 CH₄ 的汇（图 3-2）。随作物生长发育，3 种不同盐碱程度土壤在 7 月和 8 月均出现明显的吸收峰，2014 年为 98.2 μg·(m²·h)⁻¹ 和 59.3 μg·(m²·h)⁻¹；2015 年为 79.6 μg·(m²·h)⁻¹ 和 43.2 μg·(m²·h)⁻¹；2016 年为 39.1 μg·(m²·h)⁻¹ 和 79.5 μg·(m²·h)⁻¹。而在 4—6 月以及 9—11 月 CH₄ 吸收通量均较小。盐化土壤 S1 变化趋势平缓，无明显吸收峰出现，2014—2016 年 CH₄ 吸收最大值分别为 98.2 μg·(m²·h)⁻¹，79.6 μg·(m²·h)⁻¹ 和 79.5 μg·(m²·h)⁻¹。整个生长季，S1 盐化土壤 CH₄ 吸收通量最低；S3 轻度盐碱土壤 CH₄ 吸收通量最高（图 3-2）。

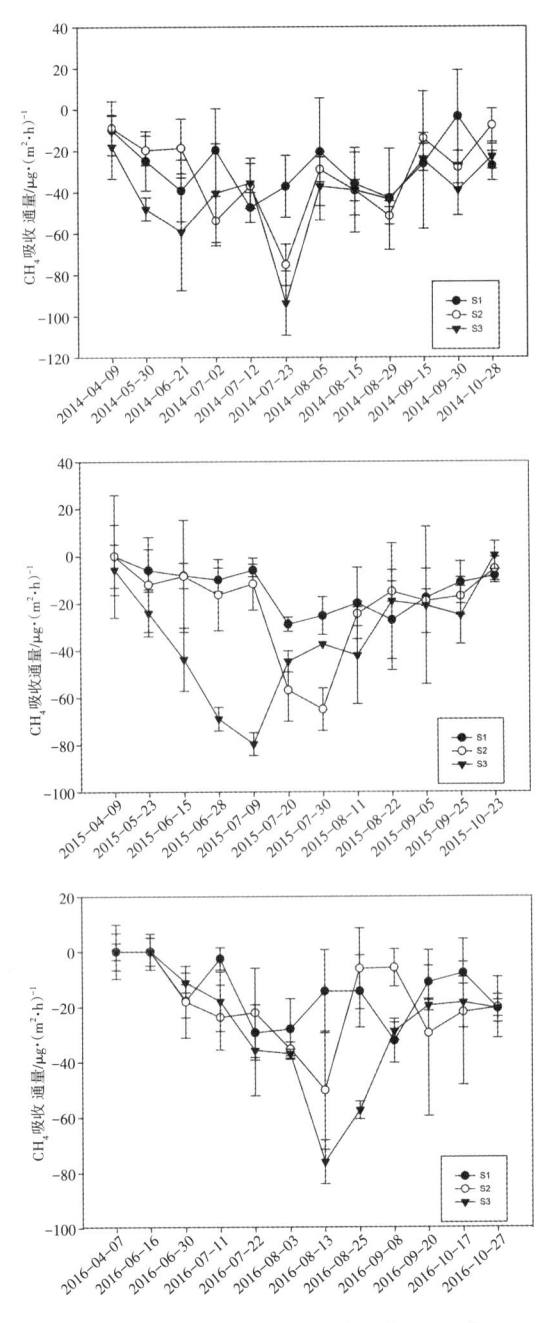

图 3-2 2014—2016年不同盐碱程度土壤CH$_4$吸收通量

（S1——盐化土壤；S2——强度盐碱土壤；S3——轻度盐碱土壤，下同；竖杠代表标准差）

S1、S2和S3土壤CH_4累积吸收量：2014年作物生长季（F=18.0，P<0.001），2015年作物生长季（F=23.6，P<0.001），2016年作物生长季（F=28.4，P<0.001），这三年均存在显著差异。轻度盐碱土壤S3的CH_4累积吸收量最高，盐化土壤S1的CH_4累积吸收量最低。随土壤盐碱程度增加，CH_4累积吸收量反而降低。在2014、2015和2016年作物生长季（4—11月）：轻度盐碱土壤累积吸收量分别为150.0 mg·m^{-2}，119.6 mg·m^{-2}和99.9 mg·m^{-2}；强度盐碱土壤CH_4累积吸收量与轻度盐碱土壤比较分别降低27%，28%和19%；盐化土壤与轻度盐碱土壤相比，CH_4累积吸收量分别降低35%，35%和53%。三种不同盐碱程度土壤年际CH_4累积吸收量表现为2014年>2015年>2016年，2014年不同盐碱程度土壤CH_4累积吸收量最高（图3-3）。

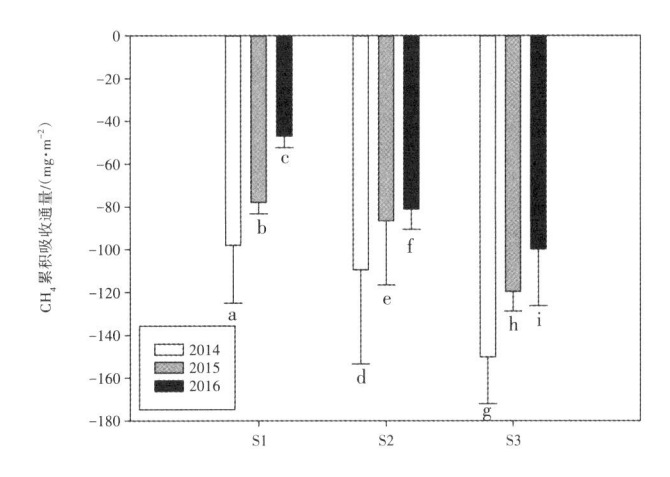

图3-3 2014—2016年作物生长季不同盐碱程度盐碱土壤CH_4累积吸收通量

注：不同的小写字母代表差异显著，P<0.001

3.2.3 土壤CH_4吸收通量与土壤电导率以及环境因子冗余分析

利用CANOCO 4.5软件的除趋势对应分析（detrended correspondence，DCA），选择线性拟合模型，采用冗余分析法处理数据。以CH_4吸收通量的矢量箭头为轴可将样本进行以下标记：2014年S1，S2和S3土壤记为1，2和3；

2015年S1,S2和S3土壤记为4,5和6;2016年S1,S2和S3土壤记为7,8和9。盐碱土壤CH_4吸收通量与电导率分别投影在第一主成分轴的正方向和反方向上,盐碱土壤电导率越大,CH_4吸收通量越小。第一主成分轴(X轴)和第二主成分轴(Y轴),两个主成分轴共解释环境变量的98.9%。由Monte Carlo法检验后表明:盐碱土壤电导率EC与土壤CH_4呈负相关关系,Person相关系数r为-0.8809($P<0.01$, $n=9$),盐碱土壤电导率越高,CH_4吸收速率越低。土壤温度、水分含量、NH_4^+-N、NO_3^--N与土壤CH_4吸收无明显相关性($P>0.05$)(表3-4和图3-4)。

表3-4 不同盐碱程度土壤基本理化特性

年份	土壤类型	pH	电导率/(dS·m^{-1})	土壤水分/%	土壤温度/℃	NH_4^+-N/(mg·kg^{-1})	NO_3^--N/(mg·kg^{-1})
2014	S1	8.20±0.41	0.57±0.15	17.46±2.01	15.79±2.01	11.82±0.12	8.71±1.56
	S2	8.20±0.12	2.82±0.09	15.96±1.78	17.57±1.78	9.97±0.09	7.85±1.78
	S3	8.73±0.53	3.74±0.11	11.61±1.12	18.64±1.65	7.47±0.26	1.71±0.03
2015	S1	8.10±0.51	0.91±0.28	17.60±1.16	16.44±1.16	10.64±0.17	34.24±2.02
	S2	8.24±0.76	2.38±0.35	16.02±1.21	17.55±1.21	9.39±0.16	26.25±2.85
	S3	8.48±0.35	4.96±0.12	14.14±1.36	18.00±1.36	4.89±0.18	12.64±1.68
2016	S1	8.19±0.39	1.90±0.08	19.99±1.29	16.76±1.29	8.00±0.30	17.33±1.69
	S2	8.23±0.48	3.30±0.03	16.88±1.18	18.38±1.18	5.35±0.22	17.22±2.36
	S3	8.49±0.60	5.70±0.09	15.04±1.11	19.69±1.11	4.83±0.11	8.00±0.82

注:数值为年均值±SD(标准差)($n=3$)。

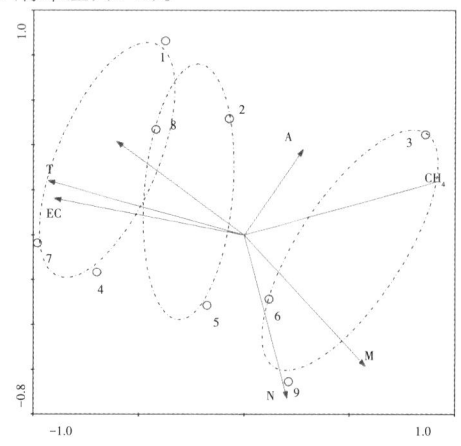

图3-4 盐碱土壤CH_4吸收和环境因子(电导率——EC,土壤温度——T,水分——M,NH_4^+-N——A,NO_3^--N——N和pH)冗余分析

3.3 河套灌区盐碱土壤CH₄吸收过程

3.3.1 不同盐碱程度土壤对CH₄吸收通量变化的影响

2014—2016年，河套灌区3种不同盐碱程度土壤CH₄吸收通量均值为31.76 μg·(m²·h)⁻¹，与全球大多数土壤CH₄吸收研究结果接近。内蒙古荒漠草原平均吸收速率为46.4 μg·(m²·h)⁻¹(Wang等，2011)，荒漠土壤平均吸收速率处于10~38 μg·(m²·h)⁻¹之间(Striegl等，1992)，生态系统和区域环境的改变影响了CH₄吸收(Zhuang等，2011；Wang等，2014)。3种不同盐碱程度土壤CH₄吸收通量季节变化规律为7—8月出现吸收高峰(图3-2)。S1，S2和S3土壤水分、温度季节性变化趋势与CH₄吸收季节性变化规律一致。温度和水分含量较高的夏季(7—8月)，CH₄吸收通量较大。在8月，3种盐碱土壤温度和水分均达到最大，土壤温度分别为：29.3 ℃，25.0 ℃和24.7 ℃；土壤含水量分别为25%，28%和29%。然而，4—6月以及9—11月CH₄吸收通量较小(图3-2)。这一结论与Unteregelsbacher等(2013)在高山森林盐土中测得CH₄吸收通量的季节变化规律一致，均是夏季吸收量最高，也与其他干旱半干旱盐碱土壤的分析结论一致(Sjogersten等，2002；Hart，2006)。土壤温度升高不但提高了CH₄吸收酶的催化活性，也增加了土壤水分蒸发损失总量，提高了土壤气体与大气交换的孔隙度，进而提高了土壤CH₄吸收通量。

3.3.2 不同盐碱程度土壤CH₄吸收潜力

3个生长季，不同盐碱程度土壤S1，S2和S3的CH₄累积吸收量表现为：轻度盐碱土壤(S3)>强度盐碱土壤(S2)>盐化土壤(S1)，轻度盐碱土壤是CH₄的汇，本研究结果和Zhang等(2011)研究的相同质地不同盐渍化土壤的结果一致，轻度盐化土壤有较好的CH₄吸收潜力。随着土壤盐碱程度增加，土壤的盐含量提高，CH₄吸收速率反而降低，因此盐化土壤是CH₄的源。本研究结果和

Silva等(2014)以及Zhang等(2015)的研究结论一致,黄河三角洲盐土是CH_4的源。Nancy等(2014)研究墨西哥湖区盐碱土壤($EC=85.1\ dS \cdot m^{-1}$)表明,该区域CH_4吸收速率是中国黄河流域盐碱土壤($EC=3.2\ dS \cdot m^{-1}$)的1/900,较高的盐含量强烈抑制CH_4吸收。在美国盐沼土壤相关研究中发现,CH_4通量与土壤盐含量存在负相关的关系(Bartlett等,1987)。盐含量是控制盐碱土壤CH_4吸收盐分,抑制CH_4氧化的(Saari等,2004);在培养实验中,无盐土壤添加盐(特别是氯盐)后,CH_4吸收被强烈抑制(King等,1998;Whalen,2000);甲烷氧化菌在氧化大气中的CH_4时具有重要作用,其活性直接影响从土壤进入大气的CH_4量及土壤中的CH_4氧化速率(郑聚锋等,2008;Le Mer等,2001)。盐含量是影响土壤微生物活性的重要因素之一,土壤盐含量与CH_4氧化菌群落结构(包括种类、丰度、多样性以及比活性等因素)高度相关(César等,2012)。本研究组的杨铭德等(2015)设置室内培养实验,利用野外原位观测法测定不同盐碱程度土壤CH_4吸收和甲烷氧化菌比活性,其结果显示,轻度盐化土壤CH_4吸收最高,盐土CH_4吸收最低。土壤CH_4吸收与土壤甲烷氧化菌比活性量显著正相关,盐碱土壤电导率(EC)和土壤甲烷氧化菌比活性量显著负相关。EC高的盐土,土壤甲烷氧化菌的比活性低,CH_4吸收降低,高盐土壤抑制CH_4吸收。由于高EC土壤丰度最高的*Methylocella*甲烷氧化菌的比活性低,CH_4氧化菌种群的另外一种pMMO酶在EC高的土壤中会停止表达,其氧化CH_4的活性低(邓永翠,崔骁男,2013)。

3.3.3 不同盐碱程度土壤CH_4吸收估算

土壤盐渍化影响盐碱土壤CH_4吸收汇。整个生长季(4月末至10月末)不同盐碱程度土壤CH_4吸收量的估算,根据3年内CH_4吸收速率均值与时间及分布面积相乘计算得出。内蒙古河套灌区盐碱土壤面积为$24.2 \times 10^4\ hm^2$,其中,轻度盐碱土壤面积为$13.0 \times 10^4\ hm^2$;强度盐碱土壤面积$7.6 \times 10^4\ hm^2$;盐化土壤

面积 $3.6×10^4 \text{ hm}^2$(Li 等,2016)。S1 土壤 CH_4 吸收估算值约为 $0.59 × 10^3 \text{ t}$,S2 土壤 CH_4 吸收量约为 $0.73×10^3 \text{ t}$,S3 土壤 CH_4 吸收量约为 $0.93×10^3 \text{ t}$,其中 S1 土壤 CH_4 吸收量占全国年 CH_4 估计吸收量$(2.78 × 10^5 \text{ t})$(Zhuang 等,2013)的 0.21%,S2 占 0.27%,S3 占 0.35%。这些比值与周晓兵等(2017)探究新疆古尔班通古特沙漠土壤生长季 CH_4 吸收占全国年吸收总量的 0.23% 的结果接近。虽然河套灌区盐碱土壤温室气体占比的精确数据估算还需要盐碱土壤更多点位数据来加以验证,但从吸收总量来看,合理控盐是提高农业盐碱土壤 CH_4 累积吸收量的有效措施。

3.4 内蒙古河套灌区盐碱土壤CH_4吸收的结论

(1)河套灌区 3 种不同盐碱程度土壤 CH_4 累积吸收量存在显著差异:轻度盐碱土壤>强度盐碱土壤>盐化土壤。轻度盐碱土壤是重要的 CH_4 汇。

(2)河套灌区不同盐碱程度土壤随盐碱程度加重,CH_4 吸收速率降低。强度盐碱土壤 CH_4 吸收比轻度盐碱土壤少 25%(3 年均值),盐化土壤 CH_4 吸收比轻度盐碱土壤少 41%(3 年均值)。

(3)土壤 EC 是调控不同盐碱程度土壤 CH_4 吸收的关键因子($r= -0.8809, P<0.01, n=9$),EC 越高的盐碱土壤,CH_4 吸收越少。

总体来说,改善强度盐碱土壤和盐化土壤的盐碱程度,实现轻度盐碱土壤的 CH_4 吸收和作物高产的多赢农业生产体系成为未来农业生产的发展方向。

参考文献

[1]BARTLETT K B, BARTLETT D S, HARRISS R C, et al.Methane emissions along a salt marsh salinity gradient [J].Biogeochemistry,1987,4(3):183-202.

[2]CESAR V E, ROCIO J A H, ISABEL E A, et al.The archaeal diversity and population in a drained alkaline saline soil of the former lake Texcoco(Mexico)[J]. Geomicrobiology

Journal,2012,29(1):18-22.

[3]HART S C.Potential impacts of climate change on nitrogen transformations and greenhouse gas fluxes in forests:A soil transfer study [J].Global Change Biology,2006,12(6):1032-1046.

[4]IPCC.Changes in atmospheric constituents and in radiative forcing[M].Cambridge: United Kingdom and New York,2007.

[5]KING G M,SCHNELL S.Effects of ammonium and Non-ammonium salt additions on methane oxidation by *Methylosinus trichosporium* OB3b and Maine forest soils [J].Applied and Environmental Microbiology,1998,64(1):253-257.

[6]LE MER J,ROGER P.Production,oxidation,emission and consumption of methane by soils:A review [J].European Journal of Soil Biology,2001,7(1):25-50.

[7]LOWE D C.Global change:a green source of surprise [J].Nature,2006,439(7073): 148-149.

[8]NANCY S S,CESAR V E,RODOLFO M,et al.Changes in methane oxidation activity and methanotrophic community composition in saline alkaline soils [J].Extremophiles,2014,18(3):561-571.

[9]OSUDAR R,MATOUSU A,ALAWI M,et al.Environmental factors affecting methane distribution and bacterial methane oxidation in the German Bight (North Sea)[J].Estuarine Coastal and Shelf Science,2015,160:10-21.

[10]PATHAK H,RAO D L N.Carbon and Nitrogen mineralization from added organic matter in saline and alkali soils[J].Soil Biology and Biochemistry,1998,30(6):695-702.

[11]PISINARAS V,TSIHRINTZIS V A,PETALAS C,et al.Soil salinization in the agricultural lands of Rhodope District,northeastern Greece [J].Environmental Monitoring and Assessment,2010,166:79-94.

[12]SAARI A,SMOLANDER A,MARTIKAINEN P J.Methane consumption in a frequently nitrogen-fertilized and limed spruce forest soil after clear-cutting [J].Soil use and management,2004,20(1):65-73.

[13]SILVA N S,ENCINAS C V,MARSCH R,et al.Aerobic methane-oxidizing communities in saline alkaline and arable soils[J].Environmental Biotechnology,2014,185S:S37-S125.

[14]SJOGERSTEN S,WOOKEY P A.Spatio-temporal variability and environmental controls of methane fluxes at the forest-tundra ecotone in the fennoscandian mountains[J].Global Change Biology,2002,8(9):885-894.

[15]STRIEGL R G,MCCONNAUGHEY T A,THORSTENSON O C,et al.Consumption of atmospheric methane by desert soils[J].Nature,1992,357(6374):145-147.

[16]UNTEREGELSBACHERA S,GASCHE R,LIPP L,et al.Increased methane uptake but unchanged nitrous oxide flux in montane grasslands under simulated climate change conditions[J].European Journal of Soil Science,2013,64(5):586-596.

[17]WANG Y F,CHEN H,ZHU Q A,et al.Soil methane uptake by grasslands and forests in China [J].Soil Biology & Biochemistry,2014,74:70-81.

[18]WANG Y,WANG Y.Quick measurement of CH_4,CO_2 and N_2O emissions from a short-plant ecosystem [J].Advances in Atmospheric Sciences,2003,20(5):842-844.

[19]WANG Z W,HAO X Y,SHAN D,et al.Influence of increasing temperature and nitrogen input on greenhouse gas emissions from a desert steppe soil in Inner Mongolia [J].Soil Science and Plant Nutrition,2011,57(4):508-518.

[20]WHALEN S C.Influence of N and non-N salts on atmospheric methane oxidation by upland boreal forest and tundra soils[J].Biology and Fertility of Soils,2000,31(3-4):279-287.

[21]ZHANG J F,LI Z J,NING T Y,et al.Methane uptake in salt-affected soils shows low sensitivity to salt addition [J].Soil Biology and Biochemistry,2011,43(7):1434-1439.

[22]ZHANG L H,SONG L P,ZHANG L W,et al.Diurnal dynamics of CH_4,CO_2 and N_2O fluxes in the saline-alkaline soils of the Yellow River Deltaa[J].Giornale Botanico Italiano, 2015,149(4):797-805.

[23]ZHUANG Q L,CHEN M,XU K,et al.Response of global soil consumption of atmospheric methane to changes in atmospheric climate and nitrogen deposition [J].Global Biogeochemical Cycles,2013,27(3):650-663.

[24]邓永翠.青藏高原湿地好氧甲烷氧化菌的群落多样性及活性研究[D].北京:中国科学院大学,2013.

[22]胡正华,凌慧,陈书涛,等.UV-B 增强对稻田呼吸速率、CH_4 和 N_2O 排放的影响[J].环境科学,2011,32(10):3018-3022.

[26]江长胜,王跃思,郑循华,等.耕作制度对川中丘陵区冬灌田CH_4和N_2O排放的影响[J].环境科学,2006,27(2):207-213.

[27]焦燕,黄耀,宗良纲,等.氮肥水平对不同土壤CH_4排放的影响[J].环境科学,2005,26(3):21-24.

[28]李新,焦燕,代钢,等.内蒙古河套灌区不同盐碱程度的土壤细菌群落多样性[J].中国环境科学,2016,36(1):249-260.

[29]刘全明,成秋明,王学,等.河套灌区土壤盐渍化微波雷达反演[J].农业工程学报,2016,32(16):109-114.

[30]王跃思,纪宝明,黄耀,等.农垦与放牧对内蒙古草原N_2O、CO_2排放和CH_4吸收的影响[J].环境科学,2001,22(6):7-13.

[31]王遵亲,祝寿泉,俞仁培,等.中国盐渍土[M].北京:科学出版社,1993.

[32]徐恒刚.中国盐生植被及盐渍化生态治理[M].北京:中国农业科学技术出版社,2004.

[33]杨铭德,焦燕,李新,等.基于实时荧光定量PCR技术对不同盐碱程度土壤甲烷氧化菌比活性的研究[J].生态环境学报,2015,24(5):797-803.

[34]张秀君,徐慧,陈冠雄.影响森林土壤N_2O排放和CH_4吸收的主要因素[J].环境科学,2002,23(5):8-12.

[35]郑聚锋,张平究,潘根兴,等.长期不同施肥下水稻土甲烷氧化能力及甲烷氧化菌多样性的变化[J].生态学报,2008,28(10):4865-4872.

[36]周晓兵,张元明,陶冶,等.新疆古尔班通古特沙漠土壤N_2O、CH_4和CO_2通量及其对氮沉降增加的影响[J].植物生态学报,2017,41(3):290-300.

[37]邹建文,黄耀,宗良纲,等.不同种类有机肥施用对稻田CH_4和N_2O排放的综合影响[J].环境科学,2003,24(4):7-12.

第四章

内蒙古河套灌区盐碱土壤 N_2O 排放微生物学机制

全球变暖和土壤盐碱化是目前国际关注的重要环境问题。N_2O 作为一种主要的温室气体,具有辐射活性强、增温潜势(GWP)高、破坏臭氧层等特点(Stocker,2013;Delgado,Mosier,1999)。由于渗透压、特异性离子对微生物细胞的毒性作用等因素,盐碱土壤中高浓度的可溶性盐分对土壤酶活性和微生物过程具有关键性影响(Thapa 等,2017)。农田土壤是大气中 N_2O 的最主要排放源,而土壤中参与氮循环的微生物过程是 N_2O 排放的主要驱动机制,其中起主导作用的过程为硝化、反硝化过程(Baggs,2008;Wrage 等,2001),硝化过程主要分为氨氧化过程和亚硝酸盐氧化过程。其中,参与氨氧化过程的主要微生物为含有氨单加氧酶基因(amoA)的氨氧化细菌(ammonia-oxidizing bacteria,AOB)或氨氧化古菌(ammonia-oxidizing archaea,AOA);参与亚硝酸盐氧化过程的微生物则以硝酸细菌属(*Nitrobacter*)为主(侯海军等,2014);氨氧化过程作为整个硝化作用的限速步骤,该过程的中间产物(NO_2^--N)的小部分会发生化学分解进而产生 N_2O(Prosser,1990;Frame,Casciotti,2010;Wrage 等,2005;Kowalchuk 等,2000)。2006 年,Costa 等根据新陈代谢途径的动力学理论推测,环境中应存在单步硝化作用和全程氨氧化微生物(complete ammonia oxidizer,comammox),即由一种微生物独立完成氧化 NH_3 为 NO_2^--N 的过程

(Costa等,2006)。2015年Kessel等团队和Daims等团队分别研究发现3种经过纯培养的不同细菌(*Candidatus* Nitrospira nitrosa、*Candidatus* Nitrospira nitrificans 和 *Candidatus* Nitrospira inopinata),以及Pinto等(2016)团队发现一种未经过纯培养的细菌(类*Nitrospira*),均具有独立将NH_3氧化为NO_2^--N的能力。赵伟烨等(2018)在研究石灰性紫色土硝化作用及硝化微生物对不同氮源的响应时发现,亚硝酸盐氧化细菌占总微生物的比例高于氨氧化细菌、古菌,这意味着石灰性紫色土中可能存在全程氨氧化微生物。因此,由全程氨氧化微生物驱动的单步硝化作用将成为微生物氮循环的重要步骤,这对进一步了解环境中的硝化作用和过程有重要意义。反硝化作用是在多种微生物的参与下,通过硝酸还原酶(nitrate reductase,Nar)、亚硝酸还原酶(nitrite reductase,Nir)、一氧化氮还原酶(nitric oxide reductase,Nor)和氧化亚氮还原酶(nitrous oxide reductase,Nos)的四步催化作用,最终将硝酸盐还原为N_2,并在中间过程释放N_2O(Morley等,2008)。

本章节分别选取AOB和含有*Nar*基因的硝酸盐还原菌作为硝化和反硝化过程中的研究对象,原因是在碱性土壤中,AOB比AOA活性更强,且AOB是土壤硝化作用的主要驱动者(Xia等,2011)。如Shen等研究发现,在pH为8.3~8.7的碱性砂质土壤中,AOB丰度与土壤pH和潜在硝化速率呈显著正相关(Shen等,2008)趋势。而反硝化过程中的功能基因微生物的选择是因为目前国内外多选含有亚硝酸盐还原酶基因(*nirK/nirS*)的亚硝酸盐还原菌为研究对象,而对于含有*Nar*基因的硝酸盐还原菌研究较少。

ZHENG等(2013)在河口沉积物中研究发现,β-AOB群落结构组成和沉积物中水溶性盐离子相关性强,而AOA群落结构组成与硝酸根浓度有关。Mosier和Santoro等均研究发现,在河口沉积物中β-AOB中的*amoA*基因丰度超过AOA,且在0至33实用盐度单位(practical salinity unit,psu)范围内,其丰度随着盐度水平的增加而增加(Mosier和Francis,2008;Santoro等,2008)。含

有 *Nar* 基因的硝酸还原菌是反硝化过程中 NO_3^--N 向 NO_2^--N 转化的主要驱动者,与 N_2O 的排放有密切关系。而盐分含量作为土壤中重要的环境因子,对 *narG* 型反硝化细菌的丰度和多样性有主要影响。Yang 等(2015)研究发现,因盐水侵蚀导致的次生盐渍化明显地改变了反硝化微生物的丰度和群落组成,其中 *narG* 型反硝化细菌的群落大小受到的抑制最大。Wang 等(2017)在稻田土壤中通过室内培养实验并运用 TRFLP 和荧光定量 PCR 技术研究后发现,外源高浓度硝酸盐的添加显著提高了 N_2O 排放速率,且该效应和 *narG* 型反硝化细菌丰度的增加密切相关。Yang 等在石灰性潮土中研究也发现 N_2O 排放量和 *narG* 型反硝化细菌丰度明显相关(Yang 等,2017)。

内蒙古河套灌区位于我国西北黄河上中游地区的内蒙古段北岸的冲积平原,地势平坦,当地农业发展依赖引黄灌溉。其中引黄控制面积约 116.20 万 hm^2,有效灌溉面积 57.40 万 hm^2,面积居中国 3 个特大型灌区之首,长期过度灌溉导致灌区土壤次生盐渍化形势严峻(李亮等,2010;刘霞等 2011)。内蒙古河套灌区地处半干旱地区,迄今该区仍有盐碱地 34.53 万 hm^2,盐荒地 27.50 万 hm^2,土壤盐碱化不仅对本地区的粮食安全造成了严重威胁,也制约着内蒙古河套灌区的农业发展(李凤霞等,2011;侯玉明等,2011)。

盐碱土壤较普通农田土壤中的环境条件更为复杂,其盐分含量和土壤 pH 也会改变土壤中的微生物群落结构、丰度和多样性(李新等,2016;Keshri 等,2013;Wu 等,2013)。目前,关于盐碱土壤中 N_2O 排放在硝化及反硝化微生物驱动下的响应规律的研究较少。因此,本章研究选取内蒙古河套灌区 3 种不同盐碱程度土壤,通过室内培养实验并利用分子生物学技术探究硝化、反硝化的微生物丰度与 N_2O 排放之间的响应规律,以期为盐碱土壤中 N_2O 排放的微生物学驱动机制的探究提供理论依据。

4.1 材料与方法

4.1.1 研究区概况

研究区位于内蒙古河套灌区最具代表性的盐碱土壤种植区——乌拉特前旗灌域(北纬40°28′~41°16′,东经108°11′~109°54′),具有典型的温带大陆性气候。该地处于我国西北黄河上中游地区,夏季高温干旱、冬季严寒少雪,年均气温7.7 ℃,年均降水量213.5 mm,降水量最大值集中在8月,年均日照3 212.5 h,无霜期167 d,是内蒙古河套灌区的生态环境、气候特征最具广泛性的代表。该地区主要种植作物为小麦、玉米和向日葵。

4.1.2 样品采集

土壤样品采集时间为2015年6月中旬,选取该地区3种典型不同盐碱程度农田土壤,并测定其盐分含量(表4-1),测定方法参考《土壤农业化学分析》(鲁如坤,1999)的质量法。按照土壤盐化分级标准(见表4-2所列),将样地分别命名为轻度盐土(S_A),强度盐土(S_B),盐土(S_C),每个样点面积约为10 m×10 m,按照邻近原则采用"S"形布点法布置样点,每块样地布设3个样点,每个样点用土钻采集作物根区0~20 cm表层土壤。重复取样3次,混合3次新鲜土样并去除碎石、秸秆及动植物残体后,用无菌聚乙烯自封袋分装带回实验室。将每份土样分为两份,其中一份风干土样,磨碎过2 mm筛,用于土壤理化性质的测定及室内培养实验;另一份土样放入4 ℃冰盒内暂存,然后于实验室内装入若干无菌离心管中,在-20 ℃下保存,用于土壤总DNA的提取。

表4-1 采样点信息

样品编号	地理位置	当季作物	种植年限及管理状况	盐分总量/%
S_A	40°50′6″N, 108°39′29″E	向日葵	向日葵种植历史超过20 a,主要施用复合肥、尿素及少量磷肥 向日葵长势较好。近一个月无施肥、农药管理	0.12
S_B	40°50′10″N, 108°39′24″E	向日葵	向日葵种植历史超过20 a,主要施用复合肥、尿素及少量磷肥 向日葵长势较差。近一个月无施肥、农药管理	0.83
S_C	40°50′18″N, 108°38′13″E	向日葵	向日葵种植历史超过20 a,近年来,由于土壤盐碱程度增加,不适宜农作物生长,无向日葵种植	1.69

表4-2 土壤盐化分级标准

盐分类系适用地区	土壤含盐量/% 非盐化	轻度	中度	强度	盐土	盐渍类型
滨海、半湿润、干旱、半干旱	<0.1	0.1～0.2	0.2～0.4	0.4～0.6 (1.0)	>0.6 (1.0)	$HCO_3^-+CO_3^{2-}$、$Cl^--SO_3^-$、$SO_4^{2-}-Cl^-$
半漠境区及漠境区	<0.2	0.2～0.3 (0.4)	0.3～0.5 (0.6)	0.5(0.6)～1.0 (2.0)	>1.10 (2.0)	SO_4^{2-}、$SO_4^{2-}-Cl^-$、$Cl^--SO_4^{2-}$

注:(1)括号中的数值代表有的地区土壤含盐质量分数使用的标准;(2)"+"代表两种盐含量都高,"-"代表第一种盐含量高,第二种盐含量低。

4.1.3 样品分析

4.1.3.1 土壤理化性质的测定

土壤pH和EC值分别以1:2.5和1:1土水比,用土壤pH计和土壤便携式电导仪测定;用紫外分光光度计法测定土壤NO_3^--N含量;用凯氏定氮法测定土壤总氮(TN)含量;用重铬酸钾滴定法—外加热法测定土壤有机碳(SOC)含量;用流动分析仪测定土壤速效磷(AP)和速效钾(AK)含量。

4.1.3.2 土壤总DNA的提取及PCR的扩增

称取 0.5 g 土壤样品，采用 CTAB/SDS 方法提取土壤总 DNA，DNA 样品于 -20 ℃ 冰箱保存待用。功能基因的定量分析采用 SYBR-GREEN 法。

反硝化细菌的特有功能基因 narG 的定量分析引物为

narG-F:TCGCCSATYCCGGCSATGTC

narG-R:GAGTTGTACCAGTCRGCSGAYTCSG（Underwood 等，2011）；

氨氧化细菌的特有功能基因 amoA 的定量分析引物为

amoA-1F:GGGGTTTCTACTGGTGGT

amoA-2R:CCCCTCKGSAAAGCCTTCTTC（Rotthauwe 等，1997）。

PCR 扩增体系（25 μL）：10×PCR buffer 2.5 μL；dNTP（2.5 mmol·L^{-1}）3.2 μL；Primer F/R（5 μM）1 μL；Taq（5 U/μL）0.125 μL；补 ddH$_2$O 至 25 μL。模板 DNA 2 μL。PCR 扩增程序：95 ℃ 预变性 5 min；95 ℃ 变性 15 s，55 ℃ 复性 30 s，72 ℃ 延伸 20 s，40 个循环；最终 72 ℃ 延伸 10 min。PCR 产物采用 AXYGEN 公司 DNA Gel Extraction Kit 进行纯化。纯化连接到 pEASY-T 载体上，并转化至 DH5α 感受态细胞中，筛选阳性克隆，对插入的细菌 DNA 片段进行序列测定。采用 M13F 测序引物对阳性克隆进行测序验证，依据测序结果验证标准品是否构建合格。PCR 仪为美国 AB 公司 7500 fast，凝胶成像仪为 Bio-Rad 公司的 Gel-Doc 2000 凝胶成像系统。

4.1.3.3 标准曲线的建立

利用核酸定量仪测定质粒质量浓度得到氨氧化细菌 amoA 基因片段质量浓度为 356 ng/μL，反硝化细菌 narG 基因片段质量浓度为 110 ng/μL。将制备好的质粒标准品按照 10^4~10^{10} 进行 10 倍系列稀释，得到 4 个浓度梯度的标准模板，各取 2 μL 稀释标准品，每个稀释模板质量浓度取 3 个平行样，记录结果并取平均值，绘制熔解曲线。以不同模板拷贝数的对数值为纵坐标，以 qPCR

反应的循环数(Ct)为横坐标,绘制标准曲线。其中氨氧化细菌标准曲线为:$y(\lg 浓度值)=-0.425\,7x(Ct)+5.280\,2$,相关系数$R^2=0.983\,7$,反硝化细菌标准曲线为:$y(\lg 浓度值)=-0.365\,6x(Ct)+4.510\,4$,相关系数$R^2=0.997\,8$。同时将各样本基因组10倍稀释后取2 μL作模板,均用目的基因引物进行扩增,同时在60~95 ℃进行熔解曲线分析。

4.1.3.4 土壤N_2O排放速率的测定

称取S_{A-1}至S_{C-3}共9份土壤样品各100 g于310 mL培养瓶中。预培养实验:将5 mL灭菌去离子水分别加入9个培养瓶中,在(25 ± 1) ℃下培养7天以激活土壤微生物。培养实验:用去离子水调节土壤质量含水量为25%,并用"T"形硅胶塞封口,在(25 ± 1) ℃恒温培养箱中避光培养21天,取样时间分别为第1,2,3,4,7,10,13,16,21天,用连接三通阀的注射器抽取气体样品,并用Agilent6820型气相色谱仪测定气体样品的N_2O质量浓度,取样结束后敞口通气2 h,重新加盖培养,同时利用称重法每隔2~3天补充土壤水分以保证土壤含水量一致。

4.1.4 数据分析方法

$$N_2O 排放速率:F = \frac{\Delta C \times V \times M \times \frac{273}{273+T}}{d \times m \times 22.4 \times 1\,000} \tag{4-1}$$

式中:F代表N_2O排放速率[μg/(kg·d)];V为培养瓶中气体有效体积(mL);ΔC为单位时间内气体浓度变化值[nL/(L·d)];M为N_2O的摩尔质量(44 kg/mol);T为培养箱的温度(K);d为培养的天数(d);m为培养瓶内的干土重(100 g);22.4(L/mol)为273 K(绝对零度)时N_2O的摩尔体积。

本研究利用Microsoft Excel 2010处理实验数据。利用SPSS 22.0软件对各数据组间的显著差异进行单因素方差分析(ANOVA)。利用Microsoft Excel 2010以及Orign pro 9.0软件作图,利用CANOCO软件进行除趋势对应分析

(detrended correspondence,DCA),采用线性拟合模型对N_2O排放速率、*amoA*及*narG*功能基因丰度和环境因子进行冗余分析(RDA)。

4.2 盐碱土壤N_2O排放与*amoA*和*narG*功能基因丰度结果与分析

4.2.1 盐碱土壤理化性质的多重比较

对3种不同盐碱程度土壤的pH、电导率、铵态氮、硝态氮、总氮、有机碳、速效磷和速效钾进行多重比较,结果如表4-3所示。土壤铵态氮和速效磷含量无显著性差异($P>0.05$);土壤pH、硝态氮、总氮和有机质差异性明显($P<0.05$);土壤电导率和速效钾差异性极为明显($P<0.01$),二者均表现为轻度盐土>强度盐土>盐土。

表4-3 供试土壤理化性质

土壤类型	pH	电导率/(mS/cm)	铵态氮/(mg/kg)	硝态氮/(mg/kg)	总氮/(g/kg)	有机碳/(g/kg)	速效磷/(mg/kg)	速效钾/(mg/kg)	土壤质地 砂粒/%	土壤质地 黏粒/%
S_A	8.46± 0.02[a]	0.46± 0.01[a]	0.20± 0.08[a]	2.37± 0.05[a]	2.22± 0.09[a]	14.1± 1.43[a]	0.614± 0.41[a]	5.91± 0.12[a]	51.1	20.3
S_B	8.48± 0.03[a]	0.90± 0.01[b]	0.27± 0.02[a]	2.76± 0.03[a]	2.44± 0.08[b]	15.4± 0.86[a]	0.133± 0.01[a]	16.05± 0.13[b]	56.2	26.3
S_C	8.67± 0.01[b]	2.92± 0.03[c]	0.24± 0.02[a]	0.64± 0.16[b]	2.09± 0.02[b]	10.3± 0.30[b]	0.100± 0.02[a]	41.59± 0.26[c]	63.3	32.0

注:不同上标小写字母表示不同盐碱土壤同列数据之间有差异。

4.2.2 不同盐碱程度土壤中N_2O排放速率

由单因素ANOVA方差分析可知,不同盐碱程度土壤之间N_2O平均排放速率具有明显差异性($F=107,P<0.01$)(见图4-1),3种不同盐碱土壤(S_A、S_B、S_C)N_2O平均排放速率分别为:16.9 μg/(kg·d)、30.8 μg/(kg·d)、69.6 μg/(kg·d),即

$S_A<S_B<S_C$,结果表明,随着土壤盐碱程度的增加,N_2O平均排放速率呈增加趋势。

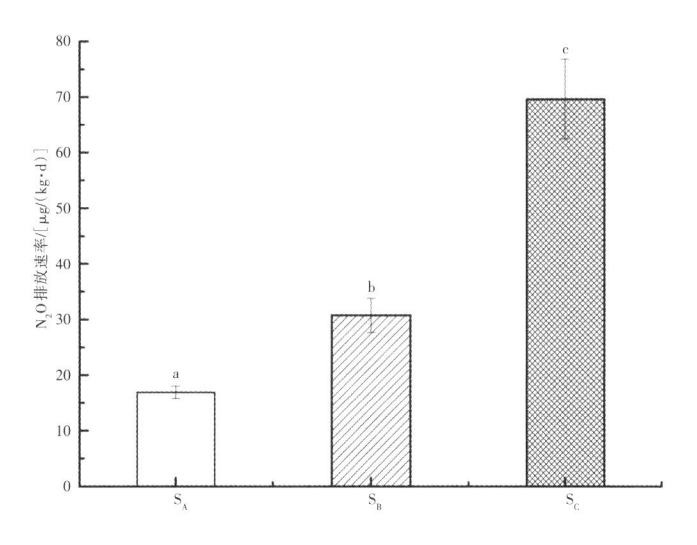

图4-1 不同盐碱程度土壤中N_2O排放速率

注:不同小写字母表示不同盐碱土壤间差异显著($P<0.01$)

4.2.3 不同盐碱程度土壤中硝化及反硝化微生物功能基因丰度

由单因素ANOVA方差分析可知,3种不同盐碱程度土壤(S_A、S_B、S_C)之间AOB和 narG 型反硝化细菌基因丰度具有明显的差异性($F=158,P<0.001;F=352,P<0.001$),如图4-2所示。其中对于AOB来说,不同盐碱程度土壤之间AOB基因丰度分别为:$0.415×10^4$ copies(S_A)、$6.910×10^4$ copies(S_B)、$9.440×10^4$ copies(S_C),表现为:$S_A<S_B<S_C$;narG 型反硝化细菌基因丰度表现为:$S_A<S_B<S_C$,其值分别为:$2.61×10^4$ copies(S_A)、$5.36×10^4$ copies(S_B)、$13.40×10^4$ copies(S_C)。

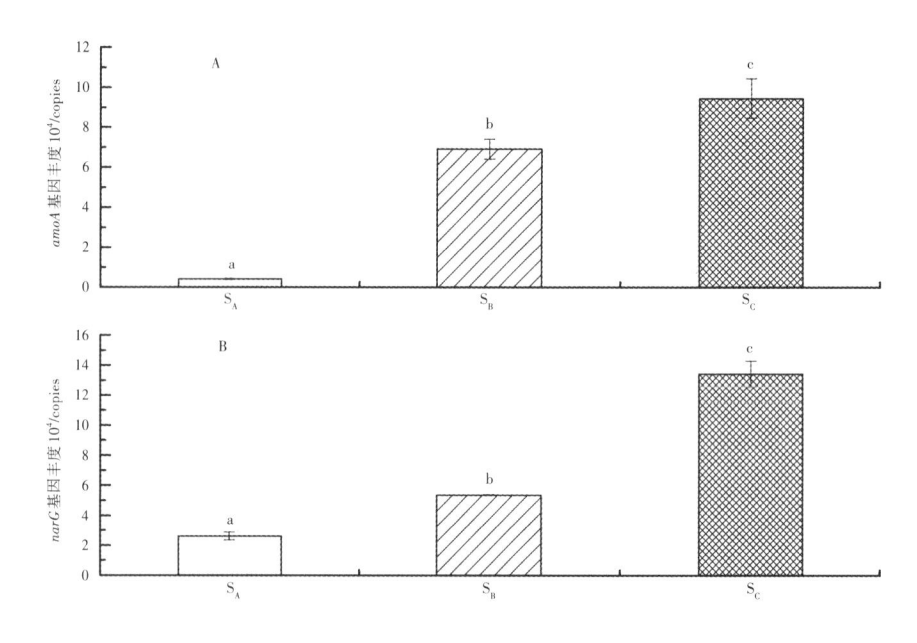

图4-2 不同盐碱程度土壤 *amoA* 和 *narG* 基因丰度

4.2.4 土壤理化性质与微生物基因丰度及 N_2O 排放速率的相关性分析

利用CANOCO软件RDA分析方法分析土壤理化性质对微生物基因丰度、N_2O 排放速率的影响,结果如图4-3所示。其中第一主成分轴(94.5%)和第二主成分轴(5.2%)共解释环境变量的99.7%。由Monte Carlo法检验可知,土壤 N_2O 排放速率与AOB、*narG* 型反硝化细菌基因丰度具有显著的相关性($r=0.863, P<0.01$; $r=0.975, P<0.01$)。土壤 N_2O 排放速率分别与pH、EC、速效K呈显著正相关关系($r=0.968, r=0.983, r=0.987, P<0.01$),土壤 N_2O 排放速率与土壤有机质(SOC)呈负相关关系($r=-0.800, P<0.05$),土壤 N_2O 排放速率与TN和速效P无明显相关性($P>0.05$)。

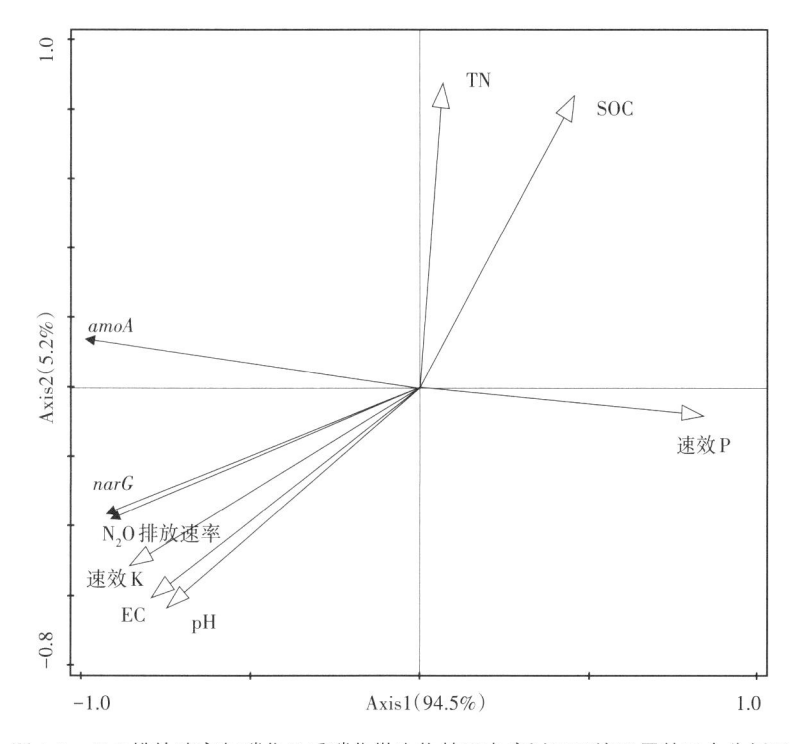

图4-3 N₂O排放速率与硝化及反硝化微生物基因丰度以及环境因子的冗余分析图

4.3 盐碱土壤N₂O排放与amoA和narG功能基因丰度关联性分析

本研究通过控制培养实验的室内温度、土壤质量含水量探究不同盐碱程度土壤N₂O排放特征。研究发现，N₂O排放速率随土壤盐碱程度升高而升高，即$S_A<S_B<S_C$。该研究结果与Ruiz-Romero等（2009）研究发现的结果一致，N₂O排放量随着电导率的升高而升高；而且，当土壤电导率为56 mS/cm时，N₂O累积排放量明显高于电导率为12 mS/cm的土壤。Marton等人研究发现高的盐分含量抑制反硝化过程中的N₂O还原酶活性，导致在厌氧条件下N₂O累积排放量升高（Marton等，2012）。

N₂O是微生物驱动的硝化过程、反硝化过程的中间产物，其中氨氧化过程作为硝化过程的重要的限速步骤，其涉及的主要微生物AOB在土壤氮素生物地球化学循环中具有重要作用。反硝化过程中的NO_3^--N还原为NO_2^--N的过程是区分硝酸盐的异化作用和呼吸作用的关键步骤。因此，氨氧化过程对应的主要微生物 AOB 和反硝化过程中硝酸还原菌丰度对盐分的响应规律具有重要的研究意义。

本书研究发现，在 3 种不同盐碱土壤中，盐土中 *amoA* 和 *narG* 基因丰度最高。这表明，在一定的盐分条件下，土壤中的盐分对硝化作用和驱动该过程的 AOB 丰度有促进作用。这一变化关系与 Mosier(2008)和 Santoro 等(2008)的研究结果相同。Wang 等利用膜生物反应器处理高盐高铵废水后研究发现，1%~4% 的盐度(NaCl)范围对硝化过程中 NH_4^+-N 向 NO_2^--N 转化几乎没有影响，高通量测序显示，高的含盐量对 AOB 群落结构有选择效应，耐盐氨氧化微生物的生存导致微生物丰富度和多样性升高(Wang 等, 2016)。Lorenzo 等在水下固定床生物反应器中研究也发现，废水中的 NaCl 质量浓度低于 3.7 g/L (EC=12 mS/cm)时硝化过程不会被抑制(Cortés-Lorenzo 等, 2015)。Sorokin 等在蒙古苏打盐湖中研究发现，AOB 在 0.1~1.0 mol/L Na^+ 盐度范围内能够生存，且最适宜盐度为 0.3 mol/L(Sorokin 等, 2001)。本书所选 3 种不同盐碱程度土壤盐分分别为 0.12%、0.83% 和 1.69%，其对应电导率分别为 0.46 mS/cm、0.90 mS/cm 和 2.92 mS/cm，盐度范围均低于以上研究结果。因此，在适度盐度范围内，盐分的增加对 AOB 会产生选择效应进而导致该微生物丰度发生变化。盐分对 *narG* 型反硝化细菌丰度的影响主要是改变硝酸盐还原过程对应酶活性。李小平等(2010)通过对东湖沉积物中异化硝酸还原酶活性(dNaR)与硝酸还原菌数量关系的研究发现，硝酸还原菌数量与 dNaR 活性呈显著正相关关系(P<0.01)。刘浩荣等(2008)利用土壤培养实验研究发现，喷施 KCl 可以增强小白菜叶片内硝酸还原酶活性。程玉静等(2010)采用营养液栽培实验探究后发现，可以通过外源 $Ca(NO_3)_2$ 提高黄瓜幼苗体内 NO_3^--N 含量，进而诱导硝酸还原酶(NR)活性升高。因此，在一定盐分条件下，土壤中的盐分通过增强硝酸还原酶活性进而增加硝酸还原菌的丰度。

RDA 分析结果显示，N_2O 排放速率与 AOB 的 *amoA* 基因拷贝数、反硝化细菌的 *narG* 基因拷贝数呈显著正相关关系（$r=0.863$，$P<0.01$；$r=0.975$，$P<0.01$），即在盐碱土壤中，N_2O 排放速率随 *amoA* 和 *narG* 基因丰度的升高而升高。南京农业大学熊正琴课题组研究发现，在菜地土壤中，可通过施加生物炭增加 *amoA* 基因丰度进而间接促进 N_2O 排放（陈晨等，2017）。本书研究发现硝酸还原菌中的 *narG* 基因丰度与 N_2O 排放存在显著正相关关系，该研究结果与郑燕等（2012）研究结果吻合。卢静等（2014）在研究水稻土短期落干过程对 N_2O 排放通量和反硝化微生物丰度的影响时也发现，N_2O 排放通量与 *narG* 基因丰度呈极显著相关关系（$P<0.01$）。虽然本研究结果有据可循，但是从 DNA 水平出发，研究 *amoA* 基因、*narG* 基因丰度与 N_2O 排放之间的关系有一定局限性。原因是微生物功能基因丰度仅能反映该类微生物的多寡，且靶标基因可能并不全部参与表达，微生物功能基因丰度仅可代表其潜在生理功能，而不能代表该类微生物活性（郑燕等，2012）。而信使 RNA（mRNA）作为生命活动重要承担者，在微生物活性的研究中常用于表征某一特定代谢过程的活跃程度（车荣晓等，2016），因此需进一步从 mRNA 水平系统研究相应代谢过程活跃程度与 N_2O 排放之间的关系。土壤有机碳（SOC）影响土壤的氮循环过程，进而间接影响 N_2O 的排放，杨艳菊等（2016）通过室内模拟实验，在 25 ℃和 60%田间持水量条件下研究 SOC 含量对水稻土 N_2O 排放的影响发现，土壤 N_2O 累积排放量与 SOC 含量呈正相关关系。兰宇等（2015）通过田间实验，利用静态箱—气相色谱法研究秸秆还田方式对 N_2O 排放、土壤理化性质的影响时发现，SOC 可促进土壤中的反硝化作用。SOC 间接增加 *nosZ* 基因丰度进而促进 N_2O 还原为 N_2，再释放到大气中，减少土壤 N_2O 排放（Thomson 等，2012）。本课题组前期研究发现（温慧洋等，2016），反硝化过程是盐碱土壤中 N_2O 排放的主要途径，该过程 N_2O 排放贡献率为 60.35%~72.46%。pH 对土壤的反硝化过程有重要影响，Feng 等（2003）在酸性矿质土壤中研究发现，反硝化过程中 N_2O 排放

量随土壤pH的增加而快速增加。目前,关于土壤速效钾含量对N_2O排放的影响还未见直接报道,但速效钾作为土壤中重要的环境因子,其对SOC含量也会有影响。王霖娇等(2017)研究发现,喀斯特石漠化生态系统土壤中SOC与速效钾存在极显著正相关关系($P<0.001$)。贡璐等(2016)在研究塔里木盆地南缘典型绿洲土壤有机碳与环境因子的相关性时也发现,速效钾对SOC含量有显著影响($P<0.05$)。因此,土壤速效钾可以通过影响土壤SOC的含量间接影响N_2O排放。

本书研究运用荧光定量PCR技术定量不同盐碱程度土壤中参与氨氧化过程、硝酸盐还原过程的AOB的*amoA*基因丰度和反硝化细菌的*narG*基因丰度,进而探究AOB和*narG*型反硝化细菌丰度与土壤中N_2O排放之间的关系。本书研究结果对从DNA水平揭示盐碱土壤N_2O排放的微生物学机理具有一定意义,但还需进一步通过与N_2O排放实时相关的、能反映氨氧化过程、硝酸盐还原过程微生物活性的mRNA水平进行深入研究。

4.4 盐碱土壤N_2O排放与*amoA*和*narG*功能基因丰度关系的结论

(1)不同盐碱程度土壤N_2O平均排放速率表现为:轻度盐土<强度盐土<盐土,即$S_A<S_B<S_C$,随着盐碱程度的增加,N_2O排放速率呈增加趋势。

(2)不同盐碱程度土壤中AOB和*narG*型反硝化细菌丰度与N_2O排放速率呈显著正相关关系($P<0.01$),且随着盐碱程度的增加而增加。

(3)盐碱土壤N_2O排放速率与土壤环境因子的冗余分析结果显示,土壤pH、EC、速效钾与N_2O排放速率存在显著正相关关系($P<0.01$),土壤有机碳与N_2O排放速率存在负相关关系($P<0.05$),土壤速效磷和总氮对N_2O排放速率影响较小,未达到显著水平($P>0.05$)。

参考文献

[1] BAGGS E M.A review of stable isotope techniques for N₂O source partitioning in soils: recent progress, remaining challenges and future considerations[J].Rapid Communications in Mass Spectrometry,2008,22(11):1664-1672.

[2] CORTES-LORENZO C,RODRIGUEZ-DIAZ M,SIPKEMA D,et al.Effect of salinity on nitrification efficiency and structure of ammonia-oxidizing bacterial communities in a submerged fixed bed bioreactor[J].Chemical Engineering Journal,2015, 266:233-240.

[3] COSTA E,PEREZ J,KREFT J U.Why is metabolic labour divided in nitrification?[J].Trends in microbiology,2006,14(5):213-219.

[4] DAIMS H,LEBEDEVA E V,PJEVAC P,et al.Complete nitrification by Nitrospira bacteria[J].Nature,2015,528(7583):504-509.

[5] DELGADO J A,MOSIER A R.Mitigation alternatives to decrease nitrous oxides emissions and urea-nitrogen loss and their effect on methane flux[J].Journal of Environmental Quality,1996,25:1105-1111.

[6] FENG K,YAN F,HUTSCH B W,et al.Nitrous oxide emission as affected by liming an acidic mineral soil used for arable agriculture[J].Nutrient Cycling in Agroecosystems,2003,67(3):283-292.

[7] FRAME C H,CASCIOTTI K L.Biogeochemical controls and isotopic signatures of nitrous oxide production by a marine ammonia oxidizing bacterium[J].Biogeosciences,2010,7(9):2695-2709.

[8] KESHRI J,MISHRA A,JHA B.Microbial population index and community structure in saline-alkaline soil using gene targeted metagenomics[J].Microbiological research,2013,168(3):165-173.

[9] KESSEL M A H J V,SPETH D R,ALBERTSEN M,et al.Complete nitrification by a single microorganism[J].Nature,2015,528(7583):555-559.

[10] KOWALCHUK G A,STIENSTRA A W,HRILIG G H,et al.Molecular analysis of ammonia-oxidising bacteria in soil of successional grasslands of the Drentsche A (The Netherlands)[J].FEMS Microbiology Ecology,2000,31(3):207-215.

[11] MARTON J M,HERBERT E R,CRAFT C B.Effects of salinity on denitrification

and greenhouse gas production from laboratory-incubated tidal forest soils[J].Wetlands,2012, 32(2):347-357.

[12]MORLEY N,BAGGS E M,DORSCH P,et al.Production of NO,N_2O and N_2 by extracted soil bacteria,regulation by NO_2-and O_2 concentrations[J].FEMS Microbiology Ecology,2008,65(1):102-112.

[13]MOSIER A C,FRANCIS C A.Relative abundance and diversity of ammonia-oxidizing archaea and bacteria in the San Francisco Bay estuary[J].Environmental microbiology, 2008,10(11):3002-3016.

[14]PINTO A J,MARCUS D N,IJAZ U Z,et al.Metagenomic Evidence for the Presence of Comammox Nitrospira-Like Bacteria in a Drinking Water System[J].Applied and Environmental Science,2016,1(1):1-8.

[15]PTOSSER J I.Autotrophic nitrification in bacteria[J].Advances in microbial physiology,1990,30:125-181.

[16]ROTTHAUWE J H,WITZEL K P,LIESACK W.The ammonia monooxygenase structural gene *amoA* as a functional marker:molecular fine-scale analysis of natural ammonia-oxidizing populations[J].Applied and environmental microbiology,1997,63(12):4704-4712.

[17]RUIZROMERO E,ALCANTARAHERNANDEZ R,CRUZMONDRAGON C,et al. Denitrification in extreme alkaline-saline soils of the former lake Texcoco[J].Plant and soil, 2009,319(1-2):247-257.

[18]SANTORO A E,FRANCIS C A,DE SIEYES N R,et al.Shifts in the relative abundance of ammonia-oxidizing bacteria and archaea across physicochemical gradients in a subterranean estuary[J].Environmental Microbiology,2008,10(4):1068-1079.

[19]SHEN J P,ZHANGg L M,ZHU Y G,et al.Abundance and composition of ammonia-oxidizing bacteria and ammonia-oxidizing archaea communities of an alkaline sandy loam[J]. Environmental Microbiology,2008,10(6):1601-1611.

[20]SOROKIN D,TOUROVA T,SCHMID M C,et al.Isolation and properties of obligately chemolithoautotrophic and extremely alkali-tolerant ammonia-oxidizing bacteria from Mongolian soda lakes[J].Archives of microbiology,2001,176(3):170-177.

[21]STOCHER T F.Climate change 2013:the physical science basis:Working Group I

contribution to the Fifth assessment report of the Intergovernmental Panel on Climate Change [M].Cambridge:Cambridge University Press,2013.

[22]THAPA R,CHATTER A,ABBEY W,et al.Carbon dioxide and nitrous oxide emissions from naturally occurring sulfate-based saline soils at different moisture contents[J].Pedosphere,2017,27:868-876.

[23]THOMSON A J,GIANNOPOULOS G,PRETTY J,et al.Biological sources and sinks of nitrous oxide and strategies to mitigate emissions[J].Philosophical Transactions of the Royal Society of London,2012,367(1593):1157-1168.

[24]UNDERWOOD J C,HARVEY R W,METGE D W,et al.Effects of the antimicrobial sulfamethoxazole on groundwater bacterial enrichment[J].Environmental Science and Technology,2011,45(7):3096-3101.

[25]WANG L,SHENG R,YANG H,et al.Stimulatory effect of exogenous nitrate on soil denitrifiers and denitrifying activities in submerged paddy soil[J].Geoderma,2017,286:64-72.

[26]WANG Z,LUO G,LI J,et al.Response of performance and ammonia oxidizing bacteria community to high salinity stress in membrane bioreactor with elevated ammonia loading [J].Bioresource technology,2016,216:714-721.

[27]WRAGE N,VAN GROENIGEN J W,OENEMA O,et al.A novel dual-isotopelabelling method for distinguishing between soil sources of N_2O[J].Rapid Communications in Mass Spectrometry:RCM,2005,19(22):3298-3306.

[28]WRAGE N,VELTHOF G L,Beusichem M,et al.Role of nitrifier denitrification in the production of nitrous oxide[J].Soil biology and Biochemistry,2001,33(12):1723-1732.

[29]WU Y J,WHANG L M,FUKUSHIMA T,et al.Responses of ammonia-oxidizing archaeal and betaproteobacterial populations to wastewater salinity in a full-scale municipal wastewater treatment plant[J].Journal of bioscience and bioengineering,2013,115(4):424-432.

[30]XIA W,ZHANG C,ZENG X,et al.Autotrophic growth of nitrifying community in an agricultural soil[J].The ISME Journal,2011,5(7):1226-1236.

[31]YANG C,JING Y,WANG Y,et al.Rhizospheric denitrification potential and related microbial characteristics affected by secondary salinization in a riparian soil[J].Geomicrobiology Journal,2015,32(7):624-634.

[32] YANG L, ZHANG X, JU X. Linkage between N₂O emission and functional gene abundance in an intensively managed calcareous fluvo-aquicsoil[J]. Scientific Reports, 2017, 7: 43283.

[33] ZHENG Y, HOU L, LIU M, et al. Diversity, abundance, and activity of ammonia-oxidizing bacteria and archaea in Chongming eastern intertidal sediments[J]. Applied microbiology and biotechnology, 2013, 97(18): 8351-8363.

[34] 车荣晓, 王芳, 王艳芬, 等. 土壤微生物总活性研究方法进展[J]. 生态学报, 2016, 36(8): 2103-2112.

[35] 陈晨, 许欣, 毕智超, 等. 生物炭和有机肥对菜地土壤 N_2O 排放及硝化、反硝化微生物功能基因丰度的影响[J]. 环境科学学报, 2017, 37(5): 1912-1920.

[36] 程玉静, 郭世荣, 孙锦, 等. 外源硝酸钙对盐胁迫下黄瓜幼苗氮化合物含量和硝酸还原酶活性的影响[J]. 西北农业学报, 2010, 19(4): 188-191.

[37] 贡璐, 朱美玲, 刘曾媛, 等. 塔里木盆地南缘典型绿洲土壤有机碳、无机碳与环境因子的相关性[J]. 环境科学, 2016, 37(4): 1516-1522.

[38] 侯海军, 秦红灵, 陈春兰, 等. 土壤氮循环微生物过程的分子生态学研究进展[J]. 农业现代化研究, 2014, 35(5): 588-594.

[39] 侯玉明, 王刚, 王二英, 等. 河套灌区盐碱土成因、类型及有效的治理改良措施[J]. 现代农业, 2011(1): 92-93.

[40] 兰宇, 孟军, 杨旭, 等. 秸秆不同还田方式对棕壤 N_2O 排放和土壤理化性质的影响[J]. 生态学杂志, 2015, 34(3): 790-796.

[41] 李凤霞, 郭永忠, 许兴. 盐碱地土壤微生物生态特征研究进展[J]. 安徽农业科学, 2011, 39(23): 14065-14067.

[42] 李亮, 史海滨, 贾锦凤, 等. 内蒙古河套灌区荒地水盐运移规律模拟[J]. 农业工程学报, 2010, 26(1): 31-35.

[43] 李小平, 方涛, 敖鸿毅, 等. 东湖沉积物中dNaR活性和硝酸盐还原菌的垂向分布[J]. 中国环境科学, 2010, 30(2): 228-232.

[44] 李新, 焦燕, 代钢, 等. 内蒙古河套灌区不同盐碱程度的土壤细菌群落多样性[J]. 中国环境科学, 2016, 36(1): 249-260.

[45] 刘浩荣, 宋海星, 刘强, 等. 喷施氯化钾对小白菜体内硝酸盐累积的影响[J]. 土壤,

2008,40(2):222-225.

[46]刘霞,王丽萍,张圣微,等.内蒙古河套灌区灌排水离子组成及淋洗盐分用水量评价[J].中国生态农业学报,2011,19(3):500-505.

[47]卢静,刘金波,盛荣,等.短期落干对水稻土反硝化微生物丰度和N_2O释放的影响[J].应用生态学报,2014,25(10):2879-2884.

[48]鲁如坤.土壤农业化学分析方法[M].北京:中国农业科技出版社,2000.

[49]王霖娇,李瑞,盛茂银.典型喀斯特石漠化生态系统土壤有机碳时空分布格局及其与环境相关性[J].生态学报,2017,37(5):1367-1378.

[50]王遵亲,祝寿泉,俞仁培.中国盐渍土[M].北京:科学出版社,1993.

[51]温慧洋,焦燕,杨铭德,等.不同盐碱程度土壤氧化亚氮(N_2O)排放途径的研究[J].农业环境科学学报,2016,35(10):2026-2033.

[52]杨艳菊,蔡祖聪,张金波.氧气浓度对水稻土N_2O排放的影响[J].土壤,2016,48(3):539-545.

[53]赵伟烨,王智慧,曹彦强,等.石灰性紫色土硝化作用及硝化微生物对不同氮源的响应[J].土壤学报,2018,55(2):479-489.

[54]郑燕,侯海军,秦红灵,等.施氮对水稻土N_2O释放及反硝化功能基因($narG/nosZ$)丰度的影响[J].生态学报,2012,32(11):3386-3393.

第五章

内蒙古河套灌区盐碱土壤 N_2O 排放途径

全球变暖是目前国际关注的重要环境问题,氧化亚氮(N_2O)是主要的温室气体,在大气中存留的时间可达120年,在百年尺度上的增温潜势是CO_2的296倍,而且正以每年0.25%的速度增加(Kim和Craig,1993)。IPCC第五次评估指出,2011年全球大气N_2O浓度约为324.2 ppbv,比工业革命(18世纪60年代)前增加了20%,过去30年间平均增量为(0.73±0.03)ppbv,故N_2O对全球变暖的贡献已超过CFC-12(某种氟利昂),成为继CO_2和CH_4之后的又一主要的温室气体(Stocker等,2013)。农田土壤是大气中N_2O的最重要排放源,反硝化过程(denitrification)、硝化过程(nitrification)尤其是硝化细菌的反硝化过程(nitrifier denitrification)等微生物过程均能生成N_2O,其中反硝化、硝化过程被认为是农田土壤释放N_2O的主要途径(Baggs,2008;Wrage,2001)。

当前,国内外关于土壤中N_2O排放的研究主要集中在排放的影响因素及排放机制上,包括土壤水分、土壤质地、pH、含盐量、土壤温度、土壤有机质、土壤氮素类型及农田的耕作措施等(王连峰等,2011;叶欣等,2005;Dobbie和Smith,2001),而对盐分如何影响土壤N_2O排放的研究较少。盐分主要是通过土壤中的硝化作用和反硝化作用来影响N_2O的排放。农田土壤N_2O主要产生于由微生物引起的硝化、反硝化过程,土壤盐渍化通过影响微生物活性进而影响N_2O排放(Elgharably 和 Marschner，2011；李玲等，2013)。关于土壤盐含量对硝化、反硝化作用及N_2O排放的影响，Inubushi 等(1999)研究得出，氮素矿化作用、硝化作用及N_2O释放都受到土壤盐含量的影响，土壤盐含量高时硝化作用受抑制，盐含量低时硝化作用不受影响。Ruiz-Romero 等(2009)研究发现，N_2O累积排放量随着盐含量的增加而增加；而且，电导率(EC)为 56 dS·m^{-1}的土壤N_2O累积排放量大于电导率为 12 dS·m^{-1}的土壤。Marton 等(2012)研究也发现，反硝化过程中的N_2O还原酶在高盐土壤中被抑制，导致在厌氧条件下N_2O累积排放量增加。为探究盐含量对硝化和反硝化过程中N_2O排放的影响，需明确不同盐碱程度土壤不同排放途径的N_2O排放贡献率。

关于农田土壤不同排放途径的N_2O排放贡献率的研究主要集中在不同水分条件对不同排放途径的N_2O排放贡献率的影响方面。如：Mathieu 等(2006)研究发现，75%WHC(土壤持水量)培养条件下，硝化过程对耕作土壤中N_2O排放的贡献率为 60%，而 150%WHC 时反硝化过程的贡献率约为 85%~90%。Zhu 等(2011)通过^{15}N同位素示踪技术研究蔬菜地土壤中N_2O的排放途径时发现，50%WHC 时硝化过程的N_2O排放贡献率约为 42.3%~77.5%。李平等(2013)通过室内好气培养实验(60%WHC)测定林地、草地土壤硝化和反硝化过程对N_2O排放的贡献率。研究发现，培养期间林地土壤中反硝化过程对N_2O排放的平均贡献率为 44.9%，硝化过程对N_2O排放的平均贡献率为 55.1%；草地土壤反硝化过程对N_2O排放的平均贡献率为 28.9%，硝化过程对N_2O排放的平均贡献率 71.1%。结果表明，好气条件下硝化过程是土壤中N_2O排放的主要途径，但反硝化过程也占有很大比例。

目前，农田土壤N_2O排放途径的研究主要集中于南方酸性土壤，而对北方不同盐碱程度土壤N_2O不同排放途径的研究甚少。全球盐碱土壤面积达 9.5×10^8 hm^2，约占陆地总面积的 25%，其中，中国盐碱土壤面积约为 0.6×10^8 hm^2(Liu 等，2008)，内蒙古河套灌区的盐碱土壤面积约占内蒙古盐碱土壤面积的

70%。随着盐碱土壤面积的不断扩大,高的盐含量以及pH改变了土壤的质地结构、土壤有机碳以及土壤肥力等(Wang等,2014)。因此,本章选取内蒙古河套灌区4种不同盐碱程度土壤,通过低浓度C_2H_2抑制技术和纯O_2抑制技术进行室内培养实验,研究不同盐碱程度土壤N_2O排放途径,明确硝化过程和反硝化过程对N_2O排放的贡献,为估算不同盐碱程度农田土壤N_2O排放量提供数据支撑,以便进一步深入探讨大气—土壤的氮循环过程,为减缓温室气体排放提供重要依据。

5.1 材料与方法

5.1.1 研究区概况

研究区位于内蒙古河套灌区最具代表性的盐碱土壤种植区——乌拉特前旗灌域,该地处于我国西北黄河上中游地区,北纬40°28′~41°16′,东经108°11′~109°54′,夏季高温干旱,冬季严寒少雪,年降雨量100~250 mm,蒸发量高,约2 400 mm,是典型的温带大陆性气候。昼夜温差大,季风强劲,极端最高气温为39.7 ℃,最低气温-30.7 ℃,年平均气温7.7 ℃。年平均日照3 212.5 h,无霜期167 d。降水集中于7—9月,年平均降水量213.5 mm,最大降水量出现在8月,极端日降水量达109.6 mm。主要种植小麦、玉米和向日葵。

5.1.2 样品采集

实验样品采集于2014年6月(土壤未种植作物),依据不同盐碱程度土壤电导率(EC)值,选取4种不同盐碱程度农田土壤。样地S_A(轻度盐土)、S_B(重度盐土)、S_C(盐土)、S_D(极度盐土)面积均为10 m×10 m,按照邻近原则布置样点,用土钻采集作物根区0~20 cm深度土壤。各采样点重复取样3次,并将3次土壤充分混匀,将可见植物残体(根、茎和叶)和土壤动物去除,装于无菌聚乙烯自封袋,风干磨碎后过2 mm筛用于土壤理化性质测定和室内培养实验。

5.1.3 测定方法

5.1.3.1 土壤基本理化性质

土壤基本理化性质测定方法如下:pH以1:2.5土水比,土壤pH计法测定;土壤EC以1:1土水比,土壤便携式电导仪法测定;土壤NH_4^+-N选用靛酚蓝比色法测定;土壤NO_3^--N选用紫外分光光度计法测定。供试土壤基本理化性质见表5-1。

表5-1 供试土壤基本理化性质

土壤类型	pH	电导率/ $(mS·cm^{-1})$	铵态氮/ $(mg·kg^{-1})$	硝态氮/ $(mg·kg^{-1})$	总氮/ $(g·kg^{-1})$	有机质/ $(g·kg^{-1})$	土壤质地 砂粒/%	土壤质地 黏粒/%
S_A	8.46	0.46	0.20±0.08	2.37±0.05	2.22	14.12±1.43	51.10	20.30
S_B	8.45	0.90	0.27±0.02	2.76±0.03	2.44	15.38±0.86	56.20	26.30
S_C	8.59	2.92	0.24±0.02	0.64±0.16	2.09	10.31±0.30	63.30	32.00
S_D	8.44	5.40	3.27±0.01	0.53±0.05	1.98	14.30±1.11	62.70	31.50

5.1.3.2 土壤培养和N_2O的测定

培养实验共设置3个处理组。对照组(CK):无C_2H_2或者纯O_2抑制处理的土壤样品;实验组(A):0.06%C_2H_2(V/V)气体分别处理4种样地土壤;实验组(AO):0.06%(V/V)C_2H_2和纯O_2联合处理4种样地土壤。

每种土壤称取风干土100 g于310 mL规格培养瓶中,加入灭菌去离子水5 mL,预培养7 d,激活土壤微生物,7 d后取出培养瓶,用去离子水调节,使土壤质量含水率保持在25%(田间持水量的60%),"T"形硅胶塞封口。将装有土样的培养瓶抽成真空,然后充入相应体积的100%氧气,抽真空,再充入氧气,如此重复3次。抽出0.06%(V/V)的C_2H_2气体并充入纯化的C_2H_2气体。每种处理设置3个重复,于(25±1)℃下恒温培养箱避光培养21 d,每次取样后打开瓶盖通气2 h,然后将原培养瓶重新抽成真空,并对培养瓶内气体进行添加或置换加盖培养。培养期间每次取样时(隔2~3 d)用称重法检查并补充培养瓶中水分,以保证实验期间土壤水分保持一致。

将培养当天记作第0天,培养次日记作第1天,以此类推,分别于第1,2,3,4,7,10,13,16,21天用连接三通的注射器取气样,采集的气体样品通过改进的Agilent6820型气相色谱仪测定N_2O浓度。

5.1.4 数据分析

N_2O排放速率通过下面的公式计算:

N_2O排放速率为

$$F=\frac{\Delta C \times V \times M \times \frac{273}{273+T}}{d \times m \times V_0 \times 1\,000} \tag{5-1}$$

式中:F为N_2O排放速率($\mu g \cdot kg^{-1} \cdot d^{-1}$);$V$为培养瓶中培养土上方的气体体积(mL);$\Delta C$为单位培养时间内气体体积浓度变化值($nL \cdot L^{-1}$);$M$为$N_2O$的摩尔质量($44\,g \cdot mol^{-1}$);$T$为培养箱的温度(25 ℃);$d$为培养的天数(d);$m$为培养瓶内的干土重(100 g);$V_0$为273 K(绝对零度)时$N_2O$的摩尔体积($22.4\,L \cdot mol^{-1}$)。

N_2O累积排放量为

$$C_{i+1}=C_i+\left(\frac{F_i+F_{i+1}}{2}\right)\times \Delta t \tag{5-2}$$

C_{i+1}为第i次和第$i+1$次采样期间的N_2O累积排放量;F_i和F_{i+1}分别为第i次和第$i+1$次采样时的N_2O排放速率;Δt为两次测定时间间隔。

硝化过程排放的 N_2O 绝对量（NN）为

$$NN=CK-A \qquad (5-3)$$

反硝化过程排放的 N_2O 绝对量（DN）为

$$DN=A-AO \qquad (5-4)$$

其他过程排放的 N_2O 绝对量（OT）为

$$OT=AO \qquad (5-5)$$

利用 OriginPro 9.0 和 Excel 2010 软件进行数据处理和制图，利用 SPSS 22.0 软件进行单因素方差分析（ANOVA）。

5.2 不同盐碱程度土壤 N_2O 排放途径的结果与分析

5.2.1 无抑制剂处理的不同盐碱程度土壤 N_2O 排放

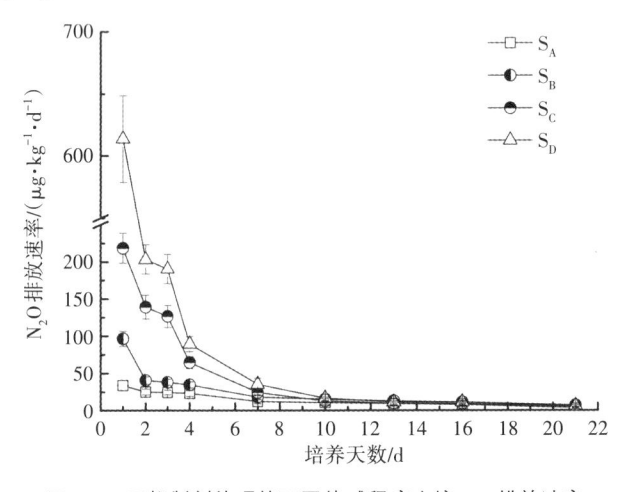

无抑制剂处理的不同盐碱程度土壤 N_2O 排放速率随着培养时间延长而出现明显变化（如图5-1所示），在已测量数据中，培养1 d后 N_2O 排放速率最大，然后逐渐降低，最后趋于稳定。培养1 d后，S_D 土壤 N_2O 排放速率最高，达到 613.72 $\mu g \cdot kg^{-1} \cdot d^{-1}$，明显高于其他盐碱土壤，培养2 d后，$S_D$ 和 S_C 土壤 N_2O 排放速率分别下降66.9%和36.4%。培养21 d后，4种土壤 N_2O 排放速率稳定在 5.66~7.68 $\mu g \cdot kg^{-1} \cdot d^{-1}$。

图5-1 无抑制剂处理的不同盐碱程度土壤 N_2O 排放速率

不同盐碱程度土壤N_2O累积排放量存在显著差异($F=887.41,P<0.01$)(如图5-2),轻度盐土(S_A)的累积排放量为289.71 $\mu g\cdot kg^{-1}$,重度盐土(S_B)的累积排放量为500.08 $\mu g\cdot kg^{-1}$,盐土(S_C)的累积排放量为951.66 $\mu g\cdot kg^{-1}$,极度盐土(S_D)的累积排放量最高,为1 750.39 $\mu g\cdot kg^{-1}$,4种不同盐碱程度土壤N_2O累积排放量表现为:极度盐土(S_D)>盐土(S_C)>重度盐土(S_B)>轻度盐土(S_A)。

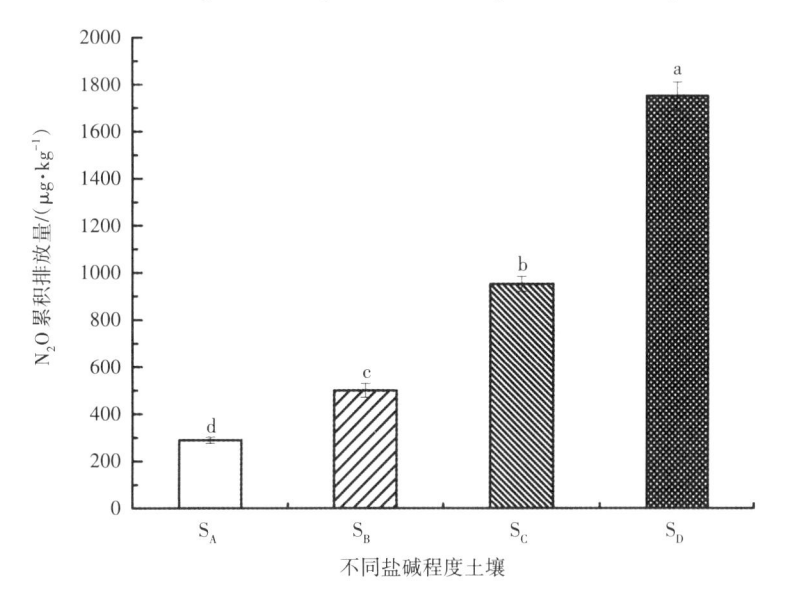

图5-2 无抑制剂处理的不同盐碱程度土壤N_2O累积排放量

注:不同小写字母表示不同盐碱土壤间差异显著($P<0.01$)

5.2.2 不同抑制剂处理的不同盐碱程度土壤N_2O排放

5.2.2.1 低浓度C_2H_2处理的不同盐碱程度土壤N_2O排放

在0.06%低浓度C_2H_2条件下,在与对照组相同的温度、水分条件下,4种不同盐碱程度土壤N_2O排放速率随着培养时间变化明显。由图5-3可以看出,极度盐土(S_D)在第2天培养结束后N_2O排放速率由428.97 $\mu g\cdot kg^{-1}\cdot d^{-1}$下降至104.45 $\mu g\cdot kg^{-1}\cdot d^{-1}$,下降约75.7%。在第2天培养结束后,土壤$N_2O$排放速率随着培养时间的变化趋势盐土($S_C$)与极度盐土($S_D$)相近,轻度盐土($S_A$)与重度盐土($S_B$)相近,最后4种不同盐碱程度土壤$N_2O$排放速率均下降至3.07~5.56 μg·kg^{-1}·d^{-1}。

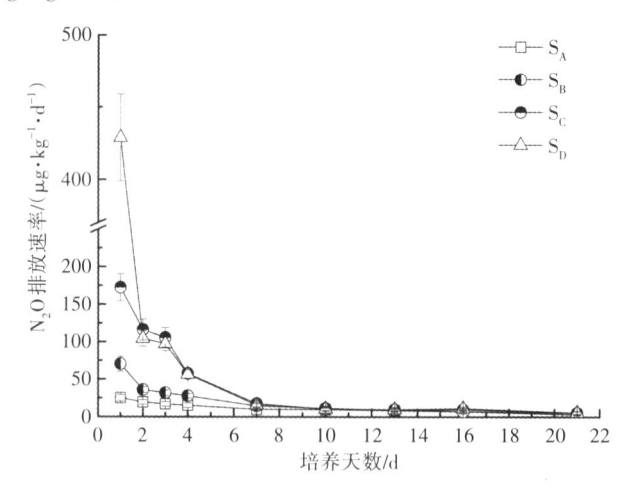

图5-3 低浓度C_2H_2处理不同盐碱程度土壤N_2O排放速率

4种不同盐碱程度土壤N_2O的累积排放量存在显著差异(F=450.84,P<0.01)(图5-4)。轻度盐土(S_A)的累积排放量为224.49 μg·kg^{-1},重度盐土(S_B)的累积排放量为384.89 μg·kg^{-1},盐土(S_C)的累积排放量为719.22 μg·kg^{-1},极度盐土(S_D)的累积排放量最高,为1 124.57 μg·kg^{-1}。4种不同盐碱程度土壤N_2O累积排放量表现为S_D>S_C>S_B>S_A。

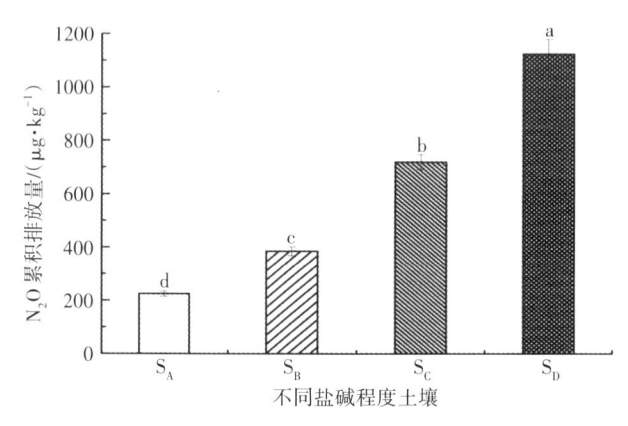

图5-4 低浓度C_2H_2处理的不同盐碱程度土壤N_2O累积排放量

注:不同小写字母表示不同盐碱土壤间差异显著(P<0.01)

5.2.2.2 低浓度C_2H_2和纯O_2联合处理的不同盐碱程度土壤N_2O排放

在0.06%低浓度C_2H_2和纯O_2联合处理条件下,4种不同盐碱程度土壤在与对照组(CK)相同的温度和水分条件下,其N_2O排放速率随着培养时间变化明显。由图5-5可知,极度盐土(S_D)在第2天培养结束后N_2O排放速率由29.34 $\mu g \cdot kg^{-1} \cdot d^{-1}$下降至4.43 $\mu g \cdot kg^{-1} \cdot d^{-1}$,下降约84.9%;在第二天培养结束后,盐土($S_C$)$N_2O$排放速率略高于极度盐土($S_D$),而轻度盐土($S_A$)与重度盐土($S_B$)两种土壤$N_2O$排放速率在整个培养期均相近;在21 d培养结束后,4种不同盐碱程度土壤N_2O排放速率均低于0.5 $\mu g \cdot kg^{-1} \cdot d^{-1}$。

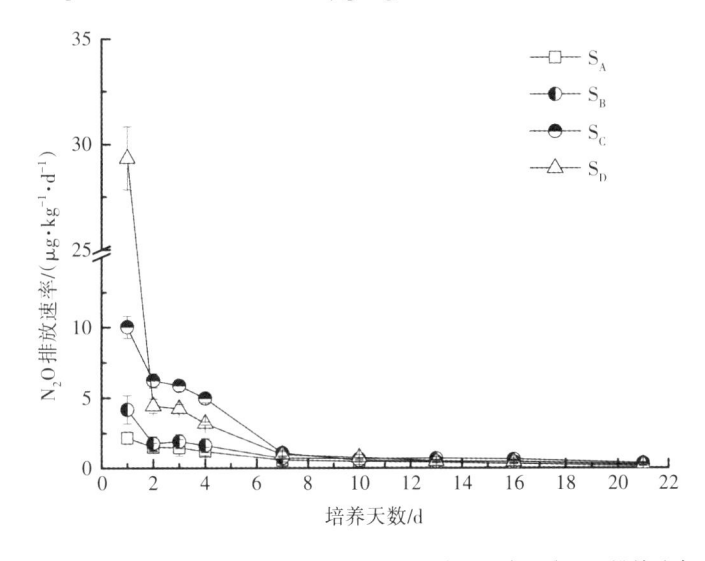

图5-5 低浓度C_2H_2和纯O_2联合处理的不同盐碱程度土壤N_2O排放速率

4种不同盐碱程度土壤N_2O累积排放量存在显著差异($F=55.10, P<0.01$)(图5-6)。轻度盐土(S_A)的累积排放量为14.58 $\mu g \cdot kg^{-1}$,重度盐土(S_B)的累积排放量为29.07 $\mu g \cdot kg^{-1}$,盐土(S_C)的累积排放量为45.90 $\mu g \cdot kg^{-1}$,极度盐土(S_D)的累积排放量为68.20 $\mu g \cdot kg^{-1}$。4种不同盐碱程度土壤N_2O累积排放量表现为:$S_D > S_C > S_B > S_A$。

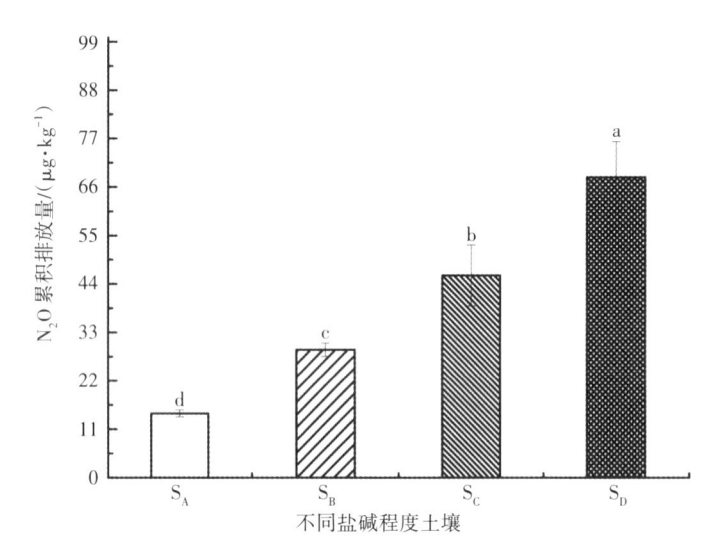

图 5-6　低浓度 C_2H_2 和纯 O_2 联合处理的不同盐碱程度土壤 N_2O 累积排放量

注：不同小写字母表示不同盐碱土壤间差异显著($P<0.01$)

5.2.3 不同盐碱程度土壤不同排放途径 N_2O 排放贡献率动态特征

由图 5-7 可知，整个培养期间，4 种不同盐碱程度土壤不同排放途径对 N_2O 排放贡献率随着培养时间的变化出现不同趋势。对于轻度盐土(S_A)和重度盐土(S_B)来说，硝化过程 N_2O 排放贡献率分别在培养后的第 4 天和第 13 天达到最大，分别为 34.49% 和 32.13%，反硝化过程 N_2O 排放贡献率分别在培养后的第 10 天和第 2 天达到最大，分别为 80.90% 和 81.40%，其他过程 N_2O 排放贡献率保持在 4.31%~7.09%；对于盐土(S_C)和极度盐土(S_D)来说，硝化过程 N_2O 排放贡献率均在培养后的第 7 天达到最大，分别为 39.37% 和 56.26%，反硝化过程 N_2O 排放贡献率分别在培养后的第 13 天和第 16 天达到最大，分别为 80.90% 和 91.14%，其他过程 N_2O 排放贡献率保持在 2.77%~6.52%。

轻度盐土(S_A)的硝化过程、反硝化过程和其他过程 N_2O 平均排放贡献率分别为 21.79%、71.31% 和 4.90%；重度盐土(S_B)分别为 22.72%、71.16% 和 6.12%；盐土(S_C)分别为 26.49%、68.90% 和 4.62%；极度盐土(S_D)分别为 33.05%、63.42% 和 3.53%。

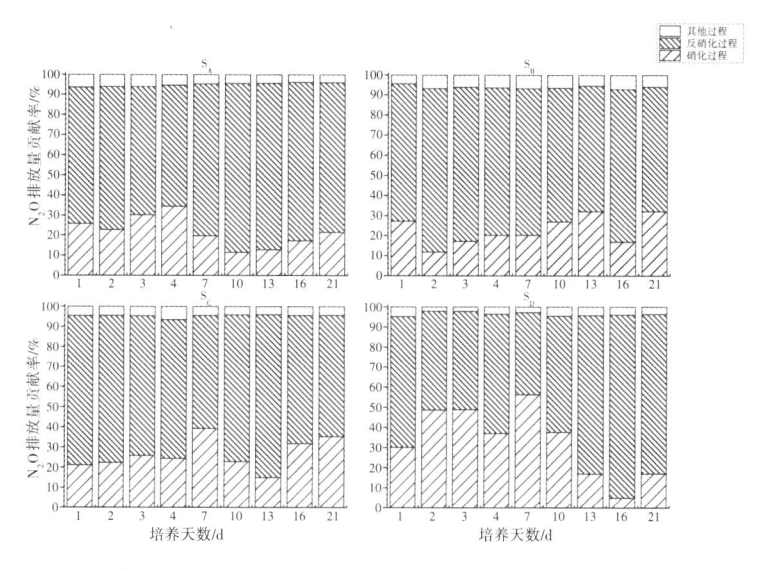

图 5-7　不同盐碱程度土壤不同排放途径 N_2O 排放贡献率随时间变化而变化的趋势

注：S_A 表示轻度盐土，S_B 表示重度盐土，S_C 表示盐土，S_D 表示极度盐土

5.2.4 不同盐碱程度土壤不同排放途径 N_2O 排放总贡献率

如表5-2所示，对于4种不同盐碱程度土壤 N_2O 累积排放量表现为：反硝化过程>硝化过程>其他过程，这表明，反硝化过程是盐碱土壤中 N_2O 的主要排放途径；不同排放途径 N_2O 累积排放量，随着土壤电导率（EC）的升高而升高。4种不同盐碱程度土壤不同排放途径（硝化过程、反硝化过程、其他过程）N_2O 排放总贡献率表现为：轻度盐土（S_A）的硝化过程、反硝化过程和其他过程 N_2O 排放总贡献率分别为22.51%、72.46%和5.03%；重度盐土（S_B）分别为23.03%、71.15%和5.81%；盐土（S_C）分别为24.42%、70.75%和4.82%；极度盐土（S_D）分别为35.75%、60.35%和3.90%。总体来看，随着土壤电导率的升高，硝化过程 N_2O 排放总贡献率逐渐升高，反硝化过程 N_2O 排放总贡献率逐渐降低。

表 5-2　不同盐碱程度土壤不同排放途径 N_2O 累积排放量及总贡献率

土壤类型	累积排放量/($\mu g \cdot kg^{-1}$)			总贡献率/%		
	N	DN	OT	N	DN	OT
S_A	65.22^d	209.91^d	14.58^d	22.51	72.46	5.03
S_B	115.19^c	355.82^c	22.97^c	23.03	71.15	5.81
S_C	232.44^b	673.32^b	45.90^b	24.42	70.75	4.82
S_D	625.82^a	1 056.37^a	68.20^a	35.75	60.35	3.90

注：N 表示硝化过程，DN 表示反硝化过程，OT 表示其他过程；不同上标小写字母表示不同盐碱土壤间差异显著（$P<0.001$）。

5.3 不同盐碱程度土壤 N_2O 排放途径甄别

在 60%WHC 水分条件和 (25 ± 1)℃ 温度条件下，不同盐碱程度土壤 N_2O 排放速率随着培养时间延长逐渐降低，最后趋于稳定（如图 5-1 所示），其电导率表现为：S_D（EC=5.40 mS·cm^{-1}）>S_C（EC=2.92 mS·cm^{-1}）>S_B（EC=0.90 mS·cm^{-1}）>S_A（EC=0.46 mS·cm^{-1}）。另外，4 种不同盐碱程度土壤 N_2O 排放速率均随着培养时间延长明显下降，可能是由于土壤中氮素的激发效应（Hauck 和 Brenner，1976；Jenkinson 等，1985），即土壤中无机氮含量越高，土壤中的有机氮分解越快。本书研究选取的 4 种不同盐碱程度土壤无机氮含量表现为 $S_A<S_B<S_C<S_D$，而土壤肥力则恰好相反。潘晓丽等（2013）研究发现，有机质含量较低的中、低肥力土壤，其氮素的激发效应高于有机质含量高的高肥力土壤。吕殿青等（2007）也研究发现，激发效应的总趋势是肥力低的土壤高于肥力高的土壤。不同盐碱程度土壤 N_2O 累积排放量随着土壤盐碱程度即土壤电导率的升高而升高（如图 5-2 所示），这表明在一定盐分条件下，盐分促进土壤 N_2O 产生或抑制 N_2O 向其他过程转化。这与 Namratha 和 David（2014）研究发现的土壤 N_2O 累积排放量随着土壤电导率的增大而增大的研究结果相一致。其原因是含盐土壤中的 N_2O 还原酶受土壤盐度影响，N_2O 易累积，但随着土壤盐度的增加，N_2O 排放量增加（Xu 和 Inubushi，2007；李玲等，2013）。

对于轻度盐土(S_A)、盐土(S_C)来说,硝化过程N_2O排放贡献率随时间总体变化表现为先升高后降低再升高,反硝化过程N_2O排放贡献率随时间变化表现为先降低后升高再降低;对于极度盐土(S_D)来说,硝化过程N_2O排放贡献率随时间变化趋势表现为先升高后降低,反硝化过程N_2O排放贡献率随时间变化趋势正好相反。研究结果表明,硝化、反硝化过程是盐碱土壤中N_2O排放的两个主要途径。关于培养实验中,硝化、反硝化过程N_2O排放贡献率随着培养时间的变化趋势报道不一。Wolf和Russow(2000)研究表明,无论是在饱和还是不饱和水分条件下培养,反硝化过程对N_2O的排放贡献率均随着培养时间的增加逐渐增加,Khalil等(2004)研究发现,在不同的O_2分压下,硝化、反硝化过程对N_2O的排放贡献率随时间变化而波动,Mathieu等(2006)则指出无论在什么水分条件下培养,反硝化过程中N_2O的排放贡献率都随时间进行而降低。

在65%WFPS(土壤孔隙含水量)条件下,硝化、反硝化过程是土壤中N_2O排放的主要来源(Maag和Vinther,1996)。在整个培养实验期间,通过称重法补充培养瓶中土壤水分,以保证土壤水分保持在60%WHC。4种不同盐碱程度土壤的硝化过程和反硝化过程的N_2O排放总贡献率分别为22.51%~35.75%和60.35%~72.46%,其他过程的N_2O排放总贡献率为3.90%~5.81%,表明反硝化过程是盐碱土壤中N_2O排放的主要途径。这与Azam等(2002)研究发现在实验室培养条件下反硝化过程是农田土壤N_2O产生的主要排放途径的结果相一致。Prieme和Christensen(2001)在低浓度C_2H_2抑制条件下,对冻融作用下德国和瑞典的草地、农田土壤反硝化作用进行研究发现,反硝化过程产生的N_2O对整个冻融期N_2O排放量的贡献率,在德国草地土壤中仅为38%,而在其他三种土壤中绝大多数的N_2O来源于反硝化过程(高于90%)。

土壤中的可溶性盐含量通常用电导率表示,而盐含量明显影响土壤中的微生物,进而影响土壤中不同排放途径N_2O排放贡献率。本研究表明:4种不同盐碱程度土壤,随着电导率的升高,硝化过程N_2O排放总贡献率逐渐升高,反硝化过程 N_2O 排放总贡献率逐渐降低。在一定的盐分条件下,随着电导率的升高,土壤中的硝化作用强度逐渐升高。Low 等(1997)研究也发现,随着土壤盐度(也表盐含量)的增加,硝化反应过程产生的 N_2O 增加。Chandra 等(2002)研究得出,土壤氮的硝化和矿化作用会因土壤中低盐含量的刺激而增强。杨文柱等(2016)研究发现,对于轻度盐碱土壤来说,土壤的硝化作用强度随外源盐含量的升高而增强,进而导致轻度盐碱土壤的 N_2O 排放率升高。

好气条件下,源区分 N_2O 不同排放途径及排放贡献率具有一定难度,国内外较有前景的方法包括稳定性同位素自然丰度法和 ^{15}N 同位素双标记法(Park 等,2011;Decock 和 Six,2013;Baggs,2008)。但也有利用低浓度 C_2H_2 和纯 O_2 区分土壤中 N_2O 不同排放途径的,如:Ronald 等(1996)利用低浓度 C_2H_2 短时暴露和纯 O_2 联合处理的方法区分土壤和沉积物中硝化、反硝化过程的 N_2O 排放;Wrage 等(2004)研究也发现,在低浓度 C_2H_2 和不同的 O_2 分压条件下,O_2 分压达到 100 kPa 时,硝化细菌产生的 N_2O 的反硝化过程被抑制。本书研究所选土壤样品中铵态氮含量和 pH 均较高,水分含量保持为 60%WHC,且在好气条件下培养,因此硝化细菌的反硝化过程不易发生(Wrage 等,2001)。因此,低浓度(0.06%)C_2H_2 抑制土壤的硝化作用,纯 O_2 抑制土壤的反硝化作用(Batjes 等,1992;Mosier 等,1990;白璐,2000),是由土壤自身条件的特殊性决定的。

本章研究是在实验室条件下通过控制温度、水分等条件探究不同盐碱程度土壤 N_2O 不同排放途径及排放贡献率,但野外条件下的土壤受盐分、施氮量、温度等多种环境因素的综合影响,为进一步探究不同盐碱程度土壤 N_2O 不同排放途径及排放贡献率,还需从土壤微生物学等角度进行后续实验,深入研究不同盐碱程度土壤中的无机氮含量。

5.4 不同盐碱程度土壤 N_2O 排放途径的确定

(1)在无抑制剂处理的条件下,N_2O 累积排放量随土壤盐碱度的升高而升高,不同盐碱程度土壤 N_2O 排放速率表现为:极度盐土>盐土>重度盐土>轻度盐土。

(2)不同盐碱度土壤不同排放途径 N_2O 累积排放量和总贡献率均表现为:反硝化过程>硝化过程>其他过程。表明反硝化过程是盐碱土壤中 N_2O 排放的主要途径。

(3)不同盐碱度土壤,随着土壤电导率的升高,硝化过程 N_2O 排放总贡献率逐渐升高,反硝化过程 N_2O 排放总贡献率逐渐降低。

参考文献

[1]AZAM F,MMLER C,WEISKE A,et al.Nitrification and denitrification as sources atmospheric nitrous oxide-role of oxidizable carbon and applied nitrogen[J].Biology and Fertility of Soils,2002,35(1):54-61.

[2]BAGGS E M. A review of stable isotope techniques for N_2O source partitioning in soils: recent progress, remaining challenges and future consideration[J]. Rapid Communications in Mass Spectrometry,2008,22(11):1664-1672.

[3]BATJES N H, BRIDGES E M. World inventory of soil emission potentials[R].1992, International Soil Reference and Information Centre.

[4]CHANDRA S,JOSHI H C,PATHAK H,et al. Effect of potassium salts and distillery effluent on carbon mineralization in soil[J]. Bioresource Technology,2002,83(3):255-257.

[5]DECOCK C, SIX J. How reliable is the intramolecular distribution of ^{15}N in N_2O to source partition N_2O emitted from soil?[J].Soil Biology and Biochemistr,2013,65:114-127.

[6]DOBBIE K E, SMITH K A. The effects of temperature, water-filled pore space and land use on N_2O emissions from an imperfectly drained gleysol[J].European Journal of Soil Science,2001,52(4),667-673.

[7]ELGHARABLY A, MARSCHNER P. Microbial activity and biomass and N and P availability in a saline sandy loam amended with inorganic N and lupin residues[J].European Journal of Soil Biology,2011,47(5):310-315.

[8]HAUCK R D, BREMNER J M. Use of tracers for soil and fertilizer nitrogen research

[J]. Advance in Agronomy,1976,28(23):219-266.

[9]INUVUSHI K,BARAHONA M A,YAMAKAWA K. Effects of salts and moisture content on N_2O emission and nitrogen dynamics in Yellow soil and Andosol in model experiments[J].Biology and Fertility of Soils,1999,29(4):401-407.

[10]JENKINSON D S,FOX R H,RAYNER J H. Interactions between fertilizer nitrogen and soil nitrogen—the so-called 'priming' effect[J]. Jourhal of Soil Science,1985,36:425-444.

[11]KHALIL K,MARY B,RENAULT P. Nitrous oxide production by nitrification and denitrification in soil aggregates as affected by O_2 concentration[J]. Soil Biology and Biochemistry,2004,36(4):687-699.

[12]KIM K R,CRAIG H. Nitrogen-15 and oxygen-18 characteristics of nitrous oxide:a global perspective[J]. Science,1993,262(5141):1855-1857.

[13]刘建红.盐碱地开发治理研究进展[J].山西农业科学,2008,36(12):51-53.

[14]LOW A P,STARK J M,DUDLEY L M. Effects of soil osmotic potential on nitrification,ammonification,N-assimilation,and nitrous oxide production[J]. Soil Science,1997,162(1):16-27.

[15]MAAGM,VINTHER F. Nitrous oxide emission by nitrification and denitrification in different soil types and at different soil moisture contents and temperatures [J]. Applied Soil Ecology,1996,4(1):5-14.

[16]MARTON J M,HERBERT E R,CRAFT C B.Effects of salinity on denitrification and greenhouse gas production from laboratory-incubated tidal forest soils[J]. Wetlands,2012,32(2):347-357.

[17]MATHIEU O,HENAULT C,LEVEQUE J,et al. Quantifying the contribution of nitrification and denitrification to the nitrous oxide flux using ^{15}N tracers[J]. Environmental Pollution,2006,144(3):933-940.

[18]MOSIER A R,MOHANTY S K,BHADRACHALAM A,et al. Evolution of dinitrogen and nitrous oxide from the soil to the atmosphere though rice plants[J].Biology and Fertility of Soils,1990,9(1):61-67.

[19]REDDY N,DAVID M C. Effects of soil salinity and carbon availability from organic amendments on nitrous oxide emissions[J]. Geoderma,2014(235-236):363-371.

[20]PARK S,PÉREZ T,BOERING K A,et al. Can N$_2$O stable isotopes and isotopomers be useful tools to characterize sources and microbial pathways of N$_2$O production and consumption in tropical soils?[J].Global Biogeochemical Cycles,2011,25(1):1-16.

[21]PRIEME A,CHRISTENSEN S. Natural perturbations,drying-wetting and freezing-thawing cycles,and the emission of nitrous oxide,carbon dioxide and methane from farmed organic soils[J]. Soil Biology and Biochemistry,2001,33(15):2083-2091.

[22]RONALD A. KESTER,W,HENDRIKUS J,et al. Short exposure to acetylene to distinguish between nitrifier and denitrifier nitrous oxide production in soil and sediment samples[J]. FEMS microbiology ecology,1996,20:111-120.

[23]Ruiz-Romero E,Alcantara-Hernandez R,Cruz-Mondragon C,et al. Denitrification in extreme alkaline saline soils of the former lake Texcoco[J]. Plant and Soil,2009,319(1):247-257.

[24]IPCC. Climate change 2013:The Physical Science Basis Intergovernmental Panel on Climate Change[M]. Cambridge:Cambridge University Press,2013.

[25]WANG Q J,LU C Y,LIA H W,et al. The effects of no-tillage with subsoiling on soil properties and maize yield:12-Year experiment on alkaline soils of Northeast China[J]. Soil and Tillage Research,2014,137:43-49.

[26]WOLF I,RUSSOW R. Different pathways of formation of N$_2$O and NO in black earth soil[J]. Soil Biology and Biochemistry,2000,32(2):229-239.

[27]WRAGE N,VELTHOF G L,VAN B M ,et al. Role of nitrifier denitrification in the production of nitrous oxide[J]. Soil Biology and Biochemistry,2001,33(12-13):1723.

[28]WRAGE N,VELTHOF G L,OENEMA O,et al. Acetylene and oxygen as inhibitors of nitrous oxide production in Nitrosomonas europaea and Nitrosospira briensis:a cautionary tale[J]. FEMS microbiology ecology,2004,47(1):13-18.

[29]XU X K,INUBUSHI K. Effects of nitrogen sources and glucose on the consumption of ethylene and methane by temperate volcanic forest surface soils[J]. Chinese Science Bulletin,2007,52(23):3281-3291.

[30]Zhu T B,Zhang J B,Cai Z C. The contribution of nitrogen transformation processes to total N$_2$O emissions from soils used for intensive vegetable cultivation[J]. Plant and Soil,

2011,343(1/2):313-327.

[31]白璐.氮肥及作物根系对农田N_2O、CH_4排放的影响[J].应用生态学报,2000,11:59-62.

[32]李玲,仇少君,檀菲菲,等.盐分和底物对黄河三角洲区土壤有机碳分解与转化的影响[J].生态学报,2013,33(21):6844-6852.

[33]李平,郎漫.硝化和反硝化过程对林地和草地土壤N_2O排放的贡献[J].中国农业科学,2013,46(22):4726-4732.

[34]吕殿青,张树兰,杨学云.外加碳、氮对土壤氮矿化、固定与激发效应的影响[J].植物营养与肥料学报,2007,13(2):223-229.

[35]潘晓丽,林治安,袁亮,等.不同土壤肥力水平下玉米氮素吸收和利用的研究[J].中国土壤与肥料,2013,(1):8-12.

[36]王连峰,蔡祖聪.淹水与湿润水分前处理对旱地酸性土壤氧化亚氮和二氧化碳排放的影响[J].环境科学学报,2011,31(8):1736-1744.

[37]杨文柱,孙星,焦燕.盐度水平对不同盐渍化程度土壤氧化亚氮排放的影响[J].环境科学学报,2016,36(10):3826-3832.

[38]叶欣,李俊,王迎红,等.华北平原典型农田土壤氧化亚氮的排放特征[J].农业环境科学学报,2005,24(6):1186-1191.

第六章

盐度水平对不同盐渍化程度土壤 N_2O 排放的影响

全球变暖是人类关注的热点环境问题,氧化亚氮(N_2O)是非常重要的温室气体之一。目前,大气中 N_2O 浓度约为 0.312 μmol·mol^{-1},并以每年 0.2%~0.3% 的速率增长(Simpeon 等,1999)。土壤是全球重要的 N_2O 排放源,主要源于土壤微生物的硝化和反硝化过程。目前国内外有关 N_2O 排放的研究集中在肥料(化肥和有机肥)施用、种植制度或耕作方式、土壤温度等特性对 N_2O 排放的影响(张海楼等,2012;刘运通等,2008;徐文彬和刘维屏,2002)方面。关于土壤盐含量对 N_2O 排放的影响主要在单一盐渍化程度土壤上进行实验探究,如:土壤盐渍化通过影响微生物活性进而影响 N_2O 排放(Elgharably 和 Marschner,2011;李玲等,2013);高盐含量土壤通过离子毒害作用降低微生物活性影响土壤正常的硝化和反硝化过程,土壤盐含量越高对硝化抑制作用越强(Badia,2000;Akhtar 等,2012;王龙昌等,1998;李玲等,2013);低盐含量能刺激土壤氮的硝化和矿化作用(Chandra 等,2002)。N_2O 还原酶受土壤盐度影响,含盐土壤中易累积 N_2O,随着土壤盐度的增加,N_2O 排放增加(李玲等,2013;Xu 等,2007)。然而,Silva 等(2008)发现电导率越高的土壤 N_2O 排放越少,国内外研究结论不尽相同,而且针对不同盐渍化程度土壤调控盐含量对土壤 N_2O 排放影响的系统性研究还较少。

因此，本章选取内蒙古河套灌区3种不同盐渍化程度土壤进行室内培养实验，研究盐分梯度对不同盐渍化程度土壤N_2O排放的影响规律，为估算不同盐渍化程度农田N_2O排放提供数据支撑。

6.1 材料与方法

6.1.1 研究地区概况

研究区位于内蒙古河套灌区最具代表性的盐碱土壤种植区——乌拉特前旗灌域，该地处于我国西北黄河上中游地区，北纬40°10′~41°20′，东经106°25′~112°，属于中温带干旱气候，干旱少雨，昼夜温差大，季风强劲，极端最高气温为39.7 ℃，最低气温为-30.7 ℃，年平均气温为7.7 ℃。年平均日照3 212.5 h，无霜期167 d，降水集中于7—9月，年平均降水量213.5 mm，最大降水量在8月，极端日降水量达109.6 mm。主要种植小麦、玉米和向日葵。由于灌溉不合理，盐渍土壤广泛分布于灌区。内蒙古河套灌区的盐渍化土壤面积约占内蒙古盐渍化土地面积的70 %，近年来黄河水资源严重不足，灌区的引黄水量减少了20 %，黄河三角洲盐碱土壤面积多于70 %（岳勇等，2008；杨婷婷等，2005；Sen H S，1990）。

6.1.2 样品采集

在2014年5月未种植作物前（前茬作物——向日葵）选取3种不同盐渍化程度农田土壤。样地S1、S2和S3面积分别为10 m×10 m，依据"S"形布点法，用土钻采集作物根区0~20 cm深度土壤。每个样方设10个样点。各采样点重复取样3次，并将3次土壤充分混匀，将可见植物残体（根、茎和叶）和土壤动物去除，装于无菌聚乙烯自封袋，风干磨碎后过2 mm筛用于测定土壤理化性质。其基本情况如表6-1所示。

表6-1 实验样地农田土壤基本情况

土壤类型	地理位置	土壤质地/% 0~20 cm 砂粒	0~20 cm 黏粒	20~30 cm 砂粒	20~30 cm 黏粒
S1	40°50.263′N,108°39.720′E	63.30	31.97	74.63	25.27
S2	40°50.248′N,108°39.719′E	56.17	26.25	71.47	22.87
S3	40°50.186′N,108°39.807′E	51.07	20.35	53.43	18.87

6.1.3 土壤盐渍化程度分析

三种土壤含盐总量依次为S1(1.69%)>S2(0.83%)>S3(0.12%),结合土壤盐化分级标准划分(见表6-2)(王遵亲等,1993),S1、S2和S3都是SO_4^{2-}和Cl^-含量最多(见表6-3),可知,S1土壤为盐土,S2土壤为重度盐渍化土壤,S3为轻度盐渍化土壤。

表6-2 土壤盐化分级标准

盐分系类及适用地区	非盐化	轻度	中度	重度	盐土	盐渍类型
滨海、半湿润、半干旱、干旱区	<0.1	0.1~0.2	0.2~0.4	0.4~0.6(1.0)	>0.6(1.0)	$HCO_3^-+CO_3^{2-}$、Cl^-、$Cl^--SO_4^{2-}$、$SO_4^{2-}-Cl^-$
半漠境及漠境区	<0.2	0.2~0.3(0.4)	0.3(0.4)~0.5(0.6)	0.5(0.6)~1.0(2.0)	>1.0(2.0)	SO_4^{2-}、$Cl^--SO_4^{2-}$、$SO_3^{2-}-Cl^-$

注:(1)括号中的数值代表有的地区使用的标准;(2)"+"代表两种盐含量都高,"-"代表第一种盐含量高,第二种盐含量低。

表6-3 河套灌区不同盐渍化程度土壤盐分含量 单位:%

土壤类型	K$^+$	Na$^+$	Ca^{2+}	Mg^{2+}	SO$_4^{2-}$	CO$_3^{2-}$	HCO$_3^-$	Cl$^-$	总量
S1	0.015 0±0.001^a	0.400 0±0.09^a	0.073±0.008^a	0.054 0±0.001^a	0.740±0.050^a	0	0.051±0.007^a	0.360±0.080^a	1.69
S2	0.005 8±0.001^b	0.120 0±0.07^b	0.083±0.007^a	0.045 0±0.009^a	0.390±0.060^b	0	0.048±0.002^a	0.140±0.040^b	0.83
S3	0.001 6±0.001^c	0.008 8±0.00^c	0.014±0.001^c	0.005 6±0.001 1^c	0.013±0.004^c	0	0.064±0.008^c	0.010±0.003^c	0.12

注:表中同列数据上标小写字母完全不同的,表示差异显著($P<0.05$)。

6.1.4 土壤培养和N$_2$O测定

分别选取S1,S2,S3样地土壤,称取50 g(烘干土重)土壤样品,装入250 mL规格培养瓶,加入灭菌去离子水5 mL,预培养7 d,激活土壤微生物,7 d后取出调节培养体系土壤盐含量,土壤质量含水率保持在25%(V/V),"T"形硅胶塞封口。无外源盐加入的原土壤为对照组,用不同浓度KCl溶液调节盐含量分别为原土壤盐含量的2倍和3倍,共9个盐度梯度(表6-4)。每个梯度设3个重复组,密封后将培养瓶放入培养箱内,设置温度条件(25±1)℃,每次采集气体样品前打开瓶盖通气3 h后继续密封培养24 h取气样,恒温培养21 d(Cheng等,2013)。采集的气体样品通过改进的Agilent 6820型气相色谱仪测定N$_2$O浓度。N$_2$O排放量通过下面的公式计算(Cheng等,2013):

$$N=\rho \times \Delta C \times V \times \frac{273}{(273+T) \times W} \quad (6-1)$$

N代表N$_2$O的通量($\mu g \cdot kg^{-1} \cdot h^{-1}$),$\rho$代表N$_2$O标准状态下的密度(1.96 $g \cdot L^{-1}$),ΔC代表0~24 h培养时间内气体浓度变化值($\mu L \cdot L^{-1}$),V代表实验中使用的培养瓶的体积(mL),T代表培养时的温度(℃),W代表土壤干重(kg)。

表6-4　外源盐调控土壤盐度梯度

土样代码	盐度梯度/%		
S1	1.7	3.4	5.1
S2	0.8	1.6	2.4
S3	0.1	0.2	0.3

6.1.5 土壤理化性质测定

土壤pH:电位测定法;土壤盐分:碳酸根、碳酸氢根离子测定,电位滴定法;氯离子测定:硝酸银滴定法;硫酸根离子测定:EDTA滴定法;钙、镁离子测定:EDTA容量法;钾、钠离子测定:火焰光度法;土壤NH_4^+-N测定:靛酚蓝比色法;土壤NO_3^--N测定:酚二磺酸法;土壤粒径:消光法(中国土壤学会农业化学专业委员会,1983)。利用ANOVA分析理化参数差异显著性。

6.1.6 数据分析

统计分析利用SPSS 11.5进行。利用ANOVA分析N_2O排放量差异显著性,相关分析和逐步回归分析的方法用于影响N_2O排放因素的分析。

6.2 盐度水平影响不同盐渍化程度土壤N_2O排放的结果与分析

6.2.1 不同盐渍化程度土壤无外源盐调控的N_2O排放

无外源盐加入的不同盐渍化程度土壤间N_2O的排放速率随培养时间变化趋势不尽相同。由图6-1可以看出,S1土壤在培养时间为160 h左右,存在明显排放峰,S2和S3土壤无明显峰值。3种土壤在培养初期N_2O的排放速率较高,中后期则逐渐趋于平缓。培养中期,S1土壤N_2O排放速率明显高于其他土壤。

不同盐渍化程度土壤间N_2O的累积排放量差异显著(F=149.0,P<0.001)(图6-2),S1盐土累积排放量最高,为0.450 mg·kg^{-1},S2重度盐渍化土壤N_2O累积排放量为0.220 mg·kg^{-1},S3轻度盐渍化土壤N_2O排放量最低,为0.035 mg·kg^{-1}。3种不同盐渍化程度土壤N_2O累积排放量分别是盐土N_2O排放量最高,重度盐渍化土壤次之,轻度盐渍化土壤最低。

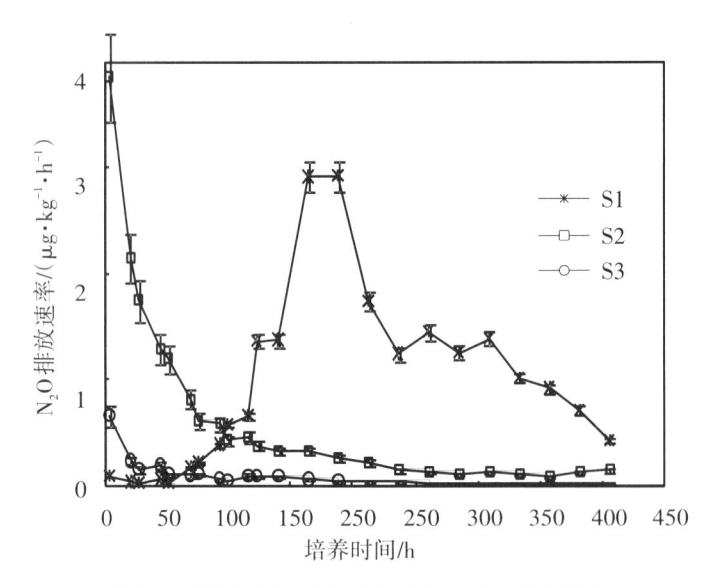

图 6-1 无外源盐不同盐渍化程度土壤 N_2O 排放速率

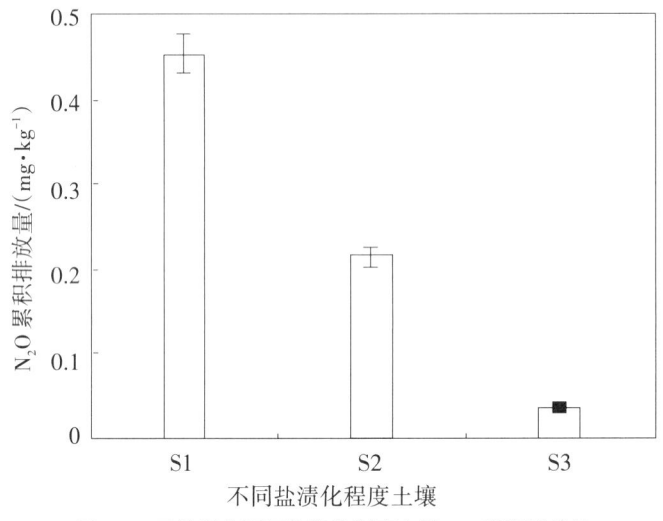

图 6-2 无外源盐不同盐渍化程度土壤 N_2O 累积排放量

6.2.2 外源盐分调控对不同盐渍化程度土壤 N_2O 排放影响

6.2.2.1 不同浓度盐分对盐土 N_2O 的排放影响

外源盐加入盐土(S1)后,不同浓度盐分(分别为1.7%、3.4%、5.1%)土壤的 N_2O 排放速率随培养时间延长,变化趋势不同。盐含量为3.4%、5.1%的土壤

N₂O排放速率无明显峰值。而无外源盐加入的对照S1土壤，N₂O排放速率在第189 h存在明显排放峰值2.93 μg·kg⁻¹·h⁻¹。无外源盐的S1土壤N₂O排放速率明显高于加入外源盐的土壤(图6-3，S1)。

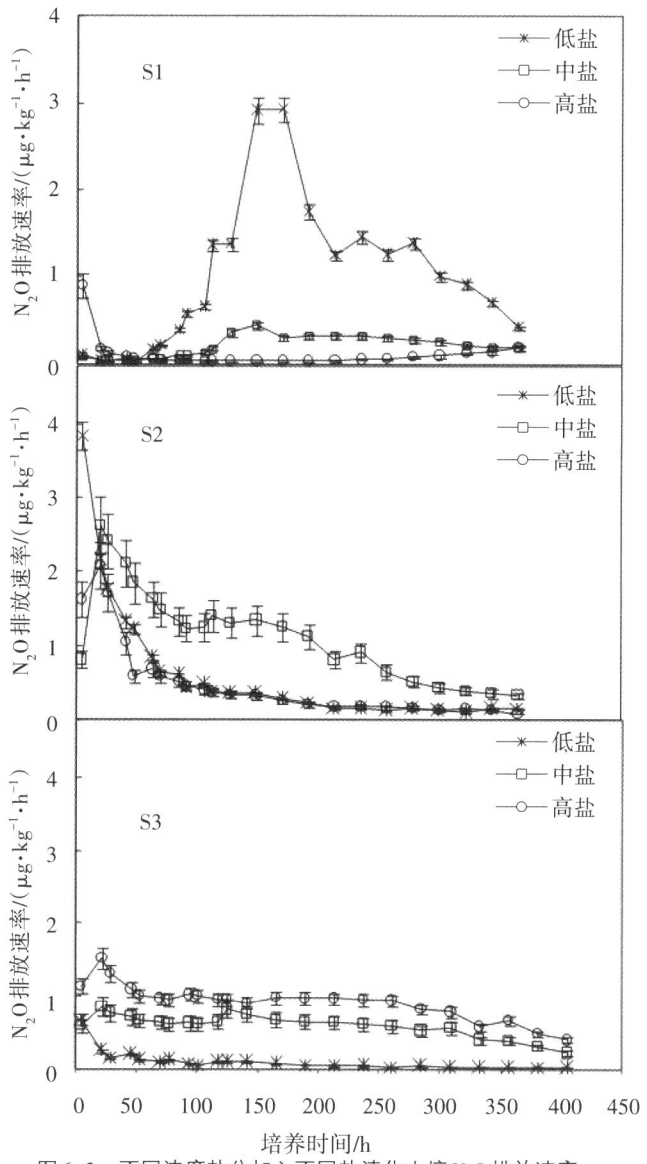

图6-3 不同浓度盐分加入不同盐渍化土壤N₂O排放速率

注：S1、S2、S3，分别为盐土、重度盐渍化土、轻度盐渍化土

3种盐含量的S1土壤N$_2$O累积排放量存在明显差异（$F=41.8$，$P<0.001$）。无外源盐加入的对照土壤N$_2$O累积排放量最高，为0.45 mg·kg^{-1}。加入外源盐后，盐含量增加1倍，与对照土壤相比，N$_2$O累积排放量减少79%；盐含量增加2倍，N$_2$O累积排放量减少90%。盐土加入外源盐后，土壤盐含量升高抑制N$_2$O排放。（图6-4，S1）

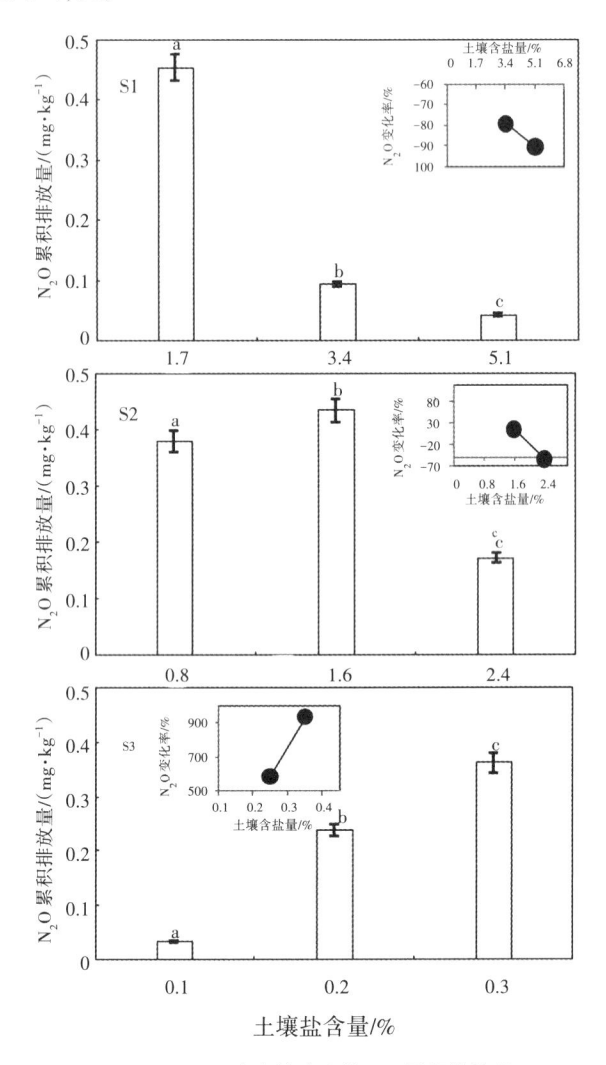

图6-4 不同浓度盐分土壤N$_2$O累积排放量

注：S1、S2、S3分别为盐土、重度盐渍化土、轻度盐渍化土；不同小写字母表示不同土壤类型间存在显著差异；小图中变化率表示加入外源盐分的两组土壤与对照组相比，N$_2$O累积排放量的变化率

6.2.2.2 不同浓度盐分对重度盐渍化土壤N_2O的排放影响

重度盐渍化土壤S2在不同浓度盐分(0.8%,1.6%,2.4%)下N_2O排放规律一致,在培养初期排放速率均出现最大值,随培养时间延长,逐渐降低并趋于稳定。无外源盐加入土壤,N_2O排放速率在培养第4 h达到最大,为3.87 $\mu g \cdot kg^{-1} \cdot h^{-1}$;外源盐加入后,盐含量(同不同浓度盐分)为1.6%和2.4%的土壤N_2O排放速率是在第28 h达到最大,分别为2.64 $\mu g \cdot kg^{-1} \cdot h^{-1}$和2.09 $\mu g \cdot kg^{-1} \cdot h^{-1}$。外源盐加入重度盐渍化土壤,盐含量为1.6%的土壤N_2O排放速率最大,盐含量为0.8%和2.4%的土壤N_2O排放速率较低。(图6-3,S2)

重度盐渍化土壤S2三种不同盐分水平下N_2O的累积排放量存在显著差异(F=225.0,P<0.001)。无外源盐加入的对照土壤N_2O累积排放量为0.226 $mg \cdot kg^{-1}$。加入外源盐后,与对照土壤比较,含盐量1.6%的土壤的N_2O累积排放量增加了1倍;含盐量2.4%的土壤N_2O排放量减少了20%。表明重度盐渍化土壤低含量的外源盐加入后促进N_2O排放,随盐含量升高则会降低N_2O的累积排放量。(图6-4,S2)

6.2.2.3 不同浓度盐分对轻度盐渍化土壤N_2O的排放影响

轻度盐渍化土壤(S3)在3个盐浓度(0.1%,0.2%,0.3%)下N_2O排放速率均在培养初期出现最大值,然后逐渐降低。无外源盐加入土壤,N_2O排放无明显峰值。外源盐加入轻度盐化土壤后,盐含量0.3%的土壤N_2O排放速率最大,无外源盐加入的土壤N_2O排放速率最小。有外源盐加入的轻度盐化土壤第21 h N_2O出现排放峰,此时盐含量为0.2%,0.3%的土壤N_2O排放速率分别为0.85 $\mu g \cdot kg^{-1} \cdot h^{-1}$和1.52 $\mu g \cdot kg^{-1} \cdot h^{-1}$。(图6-3,S3)

轻度盐渍化土壤N_2O累积排放量随土壤含盐量增加而升高(F=30.4,P<0.001)。无外源盐加入的对照土壤N_2O累积排放量为0.035 $mg \cdot kg^{-1}$;外源盐调控土壤与对照土壤相比,含盐量0.2%的土壤N_2O累积排放量增加585%;

含盐量0.3%的土壤N_2O排放量增加935%。结果表明轻度盐渍化土壤在外源盐调控下,随土壤盐含量增加,土壤N_2O的排放被促进。盐含量增加1倍,N_2O累积排放量增加超过5倍;盐含量增加2倍,N_2O累积排放量增加超过9倍。(图6-4,S3)

6.2.3 影响加入外源盐后的不同盐渍化程度土壤N_2O排放的因素

不同盐渍化程度土壤加入外源盐后,对N_2O累积排放变化量(加入外源盐后的土壤和其对照土壤N_2O排放量的差值)与土壤NH_4^+-N含量差值(培养前后测定值的差值)进行线性回归分析,其结果表明N_2O累积排放变化量的94.6%可由土壤NH_4^+-N含量差值解释(图6-5)($R^2=0.95$,$P<0.01$),且与NO_3^--N含量差值无明显相关关系($P>0.05$)。土壤NH_4^+-N含量是影响加入外源盐后的不同盐化程度土壤N_2O排放差异的关键因子。由图6-5看出,N_2O累积排放变化量大于0时,外源盐加入不同盐化程度土壤促进N_2O排放,N_2O累积排放变化量随NH_4^+-N含量差值绝对值增大而增多;N_2O累积排放变化量小于0时,外源盐加入抑制N_2O排放,N_2O累积排放变化量绝对值随NH_4^+-N含量差值绝对值增大而减少。(结果见表6-5)

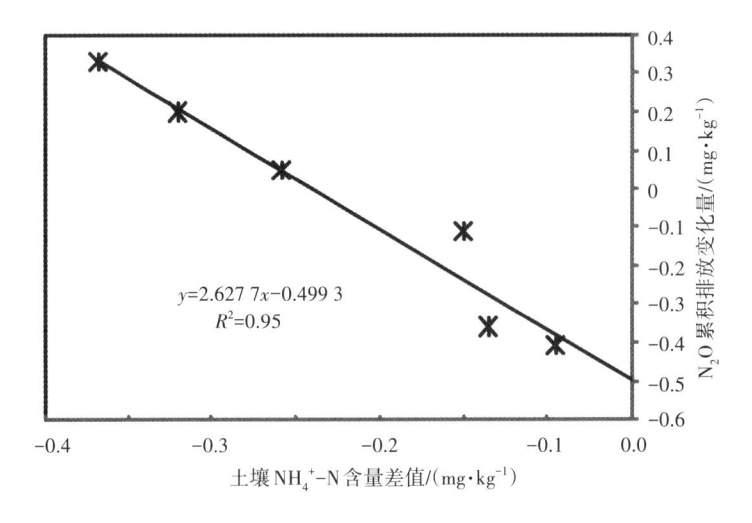

图6-5 土壤加入外源盐后N_2O累积排放变化量与土壤NH_4^+-N含量差值的关系

表6-5 不同盐含量土壤培养前后NO_3^--N和NH_4^+-N差值

土壤类型	盐含量/%	NO_3^--N 含量差值/(mg·kg^{-1})	NH_4^+-N 含量差值/(mg·kg^{-1})
S1	1.7	2.98±0.91[a]	−0.179±0.020[a]
	3.4	2.46±0.85[b]	−0.085±0.010[b]
	5.1	1.73±0.53[c]	−0.045±0.009[c]
S2	0.8	3.07±0.98[d]	−0.241±0.070[d]
	1.6	1.58±0.15[e]	−0.209±0.030[e]
	2.4	0.88±0.09[f]	−0.100±0.006[f]
S3	0.1	0.51±0.12[g]	−0.116±0.010[f]
	0.2	0.67±0.06[h]	−0.270±0.008[g]
	0.3	2.42±0.03[b]	−0.318±0.130[i]

注:NO_3^--N 和 NH_4^+-N 差值表示培养前后测定值的差值;同列数据上标小写字母完全不同的,表示差异显著($P<0.05$)。

6.3 盐度水平影响不同盐渍化程度土壤N_2O排放的讨论

研究表明盐度梯度影响土壤N_2O排放。无外源盐加入的对照组土壤,盐含量高的土壤N_2O排放量最高,重度盐渍化土壤次之,轻度盐渍化土壤最低。图6-4表明,外源盐加入对不同盐化程度土壤N_2O排放的影响不同。盐土加入外源盐后,土壤盐含量越高N_2O排放抑制越明显。重度盐渍化土壤盐含量升高1倍时可促进N_2O排放,但盐含量升高2倍时N_2O的累积排放量反而降低。轻度盐渍化土壤在外源盐调控下,土壤盐含量增加促进N_2O的排放。轻度盐渍化土壤加入外源盐后,和盐土、重度盐渍化土壤相比,其N_2O排放对盐的加入更敏感,增加量也最多;这表明盐分含量越低的土壤在加入外源盐后,越易激发N_2O的排放。本章研究的不同盐渍化土壤N_2O累积排放量范围为0.035~0.450 mg·kg^{-1},与Cheng等(2013)的培养实验——外源盐加入草地、森林土壤后测得的土壤N_2O累积排放量的量级相同。本章研究的结果还表明,不同含量的外源盐加入草地、森林土壤后对N_2O排放影响不同:草地土壤加入盐后,低盐促进N_2O排放,高盐降低N_2O排放;但在森林土壤中加入盐后,高盐和低盐含量均降低N_2O排放。

不同盐渍化程度土壤加入外源盐后对N_2O排放的影响主要依赖于土壤铵态氮(NH_4^+-N)含量差值(图6-5)。随着盐含量增加,土壤铵态氮含量差值为负值,硝态氮(NO_3^--N)含量差值为正值(表6-5),表明加入外源盐后不同盐渍化程度土壤铵态氮含量降低,硝态氮含量增加,土壤硝化作用增强。铵态氮和硝态氮分别是硝化作用的基质和产物,铵态氮浓度直接影响土壤硝化作用强度(Aarnio et al,1996;Mendum et al,1997)。

Low 等(1997)研究也发现,随着土壤盐度的增加,硝化反应产生的N_2O增加。然而,不同盐渍化程度土壤与其对照土壤比较,外源盐含量增加,硝化作用增强的程度不同。S1土壤加入外源盐后,土壤铵态氮和硝态氮含量差值的绝对值随盐含量的增加均减小(表6-5),表明与其对照土壤相比,盐分含量增加对盐土硝化作用增强程度逐渐减弱,使得土壤铵态氮和硝态氮含量差值的绝对值均减小,所以S1土壤N_2O排放反而减少。与S1盐土土壤不同,S3轻度盐渍化土壤加入外源盐后,盐含量增加,土壤铵态氮和硝态氮含量差值的绝对值均增大,表明盐分含量升高对轻度盐渍化土壤硝化作用增强程度逐渐加强,从而使得轻度盐渍化土壤N_2O排放随盐分含量升高而升高。该研究为模拟培养实验,关于不同浓度外源盐加入不同盐渍化程度土壤对N_2O排放的影响,从微生物机理角度有待进一步深入研究。

6.4 盐度水平影响不同盐渍化程度土壤N_2O排放的结论

(1)无外源盐加入,不同盐渍化程度土壤N_2O排放表现为,盐土N_2O排放量最高,重度盐渍化土壤次之,轻度盐渍化土壤最低,盐分含量高的土壤N_2O排放高。

(2)外源盐加入3种不同盐渍化程度土壤,对N_2O排放影响不尽一致。外源盐加入,随土壤盐分水平升高,盐土N_2O排放减少,重度盐渍化土壤N_2O排放先增加后减少,轻度盐渍化土壤N_2O排放增加。

(3)不同浓度外源盐加入不同盐渍化程度土壤对N_2O排放的影响程度主要取决于土壤NH_4^+-N含量差值。外源盐加入后N_2O累积排放变化量的94.6%可由土壤NH_4^+-N含量差值决定的回归方程解释。

参考文献

[1]AAMIO T, MARTIKAINEN P J. Mineralization of carbon and nitrogen, and nitrification in Scots pine forest soil treated with fast and slow release nitrogen fertilizers[J]. Biology and Fertility of Soils, 1996, 22(3):214-220.

[2]AKHTAR M, HUSSAIN F, ASHRAF M Y, et al. Influence of Salinity on Nitrogen Transformations in Soil[J].Communications in Soil Science and Plant Analysis, 2012, 43(12): 1674-1683.

[3]BADIA D. Potential nitrification rates of semiarid cropland soils from the central Ebro Valley, Spain [J]. Arid Soil Research and Rehabilitation, 2000, 14(3):281-292.

[4]CHANDRA S, JOSHI H C, PATHAK H, et al. Effect of potassium salts and distillery effluent on carbon mineralization in soil [J]. Bioresource Technology, 2002, 83(3):255-257.

[5]CHENG Y, CAI Z C, SCOTT X, et al. Effects of soil pH and salt on N_2O production in adjacent forest and grassland soils in central Alberta, Canada[J]. Journal of Soils and Sediments, 2013, 13(5):863-868.

[6]ELGHARABLY A, MARSCHNER P. Microbial activity and biomass and N and P availability in a saline sandy loam amended with inorganic N and lupin residues[J]. European Journal of Soil Biology, 2011, 47(5):310-315.

[7]LOW A P, STARK J M, DUDLEY L M. Effects of soil osmotic potential on nitrification, ammonification, N-assimilation, and nitrous oxide production[J]. Soil science, 1997, 162(1):16-27.

[8]MENDUM T A, SOCKET R E, HIRSCH P R. Use of the subdivision of the class Proteobacteria in arable soils to nitrogen fertilizer[J]. Applied and Environmental Microbiology, 1999, 65:4155-4162.

[9] Sen H S. 淹育盐化土的氮素挥发损失[J]. 单光宗,译. 土壤学进展,1990,18(5):43-46.

[10] SILVA C C, GUIDO M L, CEBALLOS J M, et al. Production of carbon dioxide and nitrous oxide in alkaline saline soil of Texcoco at different water contents amended with urea: A laboratory study [J]. Soil Biology and Biochemistry,2008,40(7):1813-1822.

[11] SIMPEON I J, EDWARDS G C, THURTELL G W. Variations in methane and nitrous oxide mixing ratios at the southern boundary of a Canadian boreal forest[J]. Atmospheric Environment,1999,33(7):1141-1150.

[12] XU X K, INUBUSHI K. Effects of nitrogen sources and glucose on the consumption of ethylene and methane by temperate volcanic forest surface soils[J]. Chinese Science Bulletin,2007,52(23):3281-3291.

[13] 中国土壤学会农业化学专业委员会. 农业土壤化学常规分析方法[M]. 北京:科学出版社,1983.

[14] 刘运通,万运帆,林而达,等. 施肥与灌溉对春玉米土壤N_2O排放通量的影响[J]. 农业环境科学学报,2008,27(3):997-1002.

[15] 岳勇,郝芳华,李鹏,等. 河套灌区陆面水循环模式研究[J]. 灌溉排水学报,2008,27(3):69-71.

[16] 张海楼,安景文,刘慧颖,等. 玉米施用氮肥和有机物N_2O释放研究[J]. 玉米科学,2012,20(2):134-137.

[17] 徐文彬,刘维屏,刘广深. 温度对旱田土壤N_2O排放的影响研究[J]. 土壤学报,2002,39(1):1-8.

[18] 李玲,仇少君,檀菲菲,等. 盐分和底物对黄河三角洲区土壤有机碳分解与转化的影响[J]. 生态学报,2013,33(21):6844-6852.

[19] 杨婷婷,胡春元,丁国栋,等. 内蒙古河套灌区盐碱土肉眼识别标志及造林技术[J]. 内蒙古农业大学学报,2005,26(3):44-49.

[20] 王龙昌,玉井理,永田雅辉,等. 水分和盐分对土壤微生物活性的影响[J]. 垦殖与稻作,1998(3):40-42.

[21] 王遵亲,祝寿泉,俞仁培,等. 中国盐渍土[M]. 北京:科学出版社,1993.

第七章

内蒙古河套灌区盐碱土壤 N_2O 排放特征

土壤能够产生和消耗温室气体,对陆地生态系统温室气体调控有主导作用。土壤和大气界面的温室气体交换受诸多环境因子影响,如土壤温度、土壤含水量和pH等因素(谭立山等,2017;孙会峰等,2016;路则栋等,2015)。

盐碱土壤是地球上广泛分布的一种土壤类型,约占陆地总面积的25%,我国约有盐碱土壤0.99亿hm^2,盐碱土壤面积在世界上排名第三,主要分布在东北、华北、西北内陆地区以及长江以北沿海地带(杨婷婷等,2005)。内蒙古河套灌区盐渍化土壤面积约4.3×10^5 hm^2(李新等,2016)。内蒙古河套灌区作为中国三大灌区之一,粮食生产以高外源投入和高度集约化为特征,在提供大量商品粮油的同时,由于依赖化肥施用和大水漫灌洗盐、排盐而积累的生态环境恶化等问题也日益严重。

土壤中过高的盐含量会改变土壤原有的物理化学特性、微生物酶活性,也会影响碳氮过程相关微生物活动。高浓度盐造成渗透胁迫、特定离子毒性(营养失衡)影响微生物细胞活动(Yang等,2018),盐碱化也会影响土壤N_2O排放。国外对盐碱土壤影响N_2O排放的研究发现,N_2O是土壤硝化过程和反硝化过程的中间产物,土壤盐含量影响硝化和反硝化过程。土壤氨化过程在低盐含量下被刺激,高盐含量下被抑制(Zhang等,2018)。高盐度土壤抑制硝化和反硝化过程，N_2O还原酶受土壤盐度影响，在含盐土壤中，N_2O易累积，所以盐含量高的土壤N_2O排放量大。随着土壤盐度的增加，硝化反应产生的N_2O也会增加(Resham等，2017)。然而，目前国内外研究盐含量对土壤微生物活动、土壤N_2O温室气体的影响，多集中于外源盐加入等室内培养实验(Zhang等，2018；Resham等，2017；Adviento-Borbe等，2006；Akhtar等，2012；Elmajdoub等，2014)。外源盐加入后，室内培养土壤中的微生物没有充足的时间适应高盐环境，这可能是与野外天然高盐土壤的区别(Conde等，2005)。与野外原位观测盐碱土壤N_2O排放过程和通量相关的研究还较少，降低了盐碱土壤农田N_2O排放总量的科学估算的精确性，阻碍了建立盐碱土壤温室气体减排的技术途径。

本章针对内蒙古河套灌区农业耕作区盐碱土壤，通过野外原位观测，研究N_2O排放过程、特征和强度，其结果可为降低我国农田温室气体排放总量估算的不确定性提供参考。

7.1 材料与方法

7.1.1 研究地区概况

研究区位于内蒙古河套灌区最具代表性的盐碱土壤种植区——乌拉特前旗灌域，该地处于我国西北黄河上中游干旱、半干旱地区，属于中温带大陆性季风气候。历年平均日照时数为3 202h，年平均气温3.6~7.3 ℃，最高和最低极端温度分别为38.9 ℃和-36.5 ℃，无霜期每年120 d左右，年平均降水量200 ~ 260 mm，年平均蒸发量1 900~2 300 mm(Yang等，2018)。

本次研究选择两种盐碱程度土壤的农田作为研究对象，S_1为强度盐碱土壤，电导率(EC)为2.60 dS·m^{-1}；S_2为轻度盐碱土壤，EC =0.74 dS·m^{-1}，S_1、S_2研究区之间距离大约500 m，土壤类型和坡度相同，总占地面积约5 hm^2，每个小区占地面积100 m×100 m,每个小区设置3个重复组。农田每年6月耕种,10月收割,每年种植作物前采用机械犁地,土壤特性见表7-1。施肥种类:基肥施入磷酸二铵,追肥施入尿素。肥料施用量:向日葵种植前基肥施入总氮量100 kg·hm^{-2},追肥施入总氮量200 kg·hm^{-2}。

表7-1 不同盐碱程度土壤理化特性

土壤类型	土壤有机碳/(g/kg)	总氮/(g/kg)	总磷/(g/kg)	砂粒/%	黏粒/%
S$_1$	15.38±0.83[a]	2.14±0.18[a]	1.16±0.01[a]	56.20	26.30
S$_2$	10.31±0.28[b]	1.39±0.06[b]	0.78±0.03[b]	63.30	32.00

注:S$_1$为强度盐碱土壤,S$_2$为轻度盐碱土壤。同列不同上标小写字母表示研究地间差异显著($P<0.05$)。

7.1.2 气样采集与测定

2014年4月至2016年11月,利用静态暗箱法,进行野外农田原位法采集气体。箱子体积为0.5 m×0.5 m×0.5 m。每次采集时间为上午7:00—10:00,用连接三通的100 mL注射器从采样箱采样口抽气约100 ml,每次气体采集时间间隔5 min(0 min,5 min,10 min,15 min,20 min),每个小区采集时间20 min。7—9月每10天采集1次气体,4月、5月、6月、10月和11月每月采集2次。每个区重复设置3个固定采集样品点。气体应用Agilent 6820气相色谱仪(Agilent 6820D,Agilent corporation)进行测定分析。对每个采集箱的5个气体N$_2$O混合比和相对应的采集间隔时间(0 min,5 min,10 min,15 min,20 min)进行直线回归,可得到土壤N$_2$O排放速率。根据大气压力、气温、普适气体常数、采样箱的有效高度和N$_2$O分子量,得到单位面积N$_2$O排放量(Wang等,2003)。

7.1.3 土壤采集和测定

采集气体的同时利用内径5 cm、高100 cm的土钻采集土壤。每个研究小区应用"S"形取样法,重复选择10个取土点,采集的土壤均匀混合,装入密封袋。放入4 ℃冰箱,供土壤有机碳、全氮、NH_4^+-N、NO_3^--N等指标测定。土壤温度:温度测定仪(T-350,德国STEPS);水分:TDR水分测定仪(TDR100,美国SPectrum);土壤有机碳(SOC):重铬酸钾容量法测定;土壤全氮(TN):浓硫酸消煮—半微量开氏法;土壤pH:电位计法;EC:复合电极法;土壤密度(ρ_b):环刀法;土壤质地:比重计速测法。

7.1.4 气体排放通量计算方法

$$N = H \times (M_c P T_0)/(V_0 P_0 T) \times (dc/dt) \times 1\,000 \qquad (7-1)$$

式中:N为N_2O排放通量($\mu g \cdot m^{-2} \cdot h^{-1}$);$H$为静态暗箱高度(cm);$M_c$为温室气体的摩尔质量($g \cdot mol^{-1}$);$V_0$为标准状态下$CH_4$的摩尔体积($L \cdot mol^{-1}$);$P_0$和$T_0$分别为标准状态下的大气压强和温度,单位分别为Pa和℃;P和T分别为采样点的实际大气压强和温度,单位分别为Pa和℃;dc/dt为采样时N_2O气体浓度随时间变化的斜率,其中c的单位为$mg \cdot L^{-1}$;t的单位为h。

7.1.5 数据处理和制图

数据处理和制图利用sigmaplot 13、OriginPro 8和excel 2010软件,单因素方差分析(ANOVA)利用SPSS 22.0,分析N_2O排放差异显著性。

7.2 内蒙古河套灌区盐碱土壤N_2O排放的结果与分析

7.2.1 不同盐碱程度土壤N_2O排放季节性变化

2014—2016年3个作物生长季,两种盐碱程度土壤N_2O排放量季节变化趋势基本一致,整个生长季7月和8月有明显的N_2O排放峰。N_2O排放量最大值196.5 mg/m³出现在2014年7月(图7-1)。3个作物生长季S_1强度盐碱土壤N_2O排放量高于S_2轻度盐碱土壤N_2O排放量。

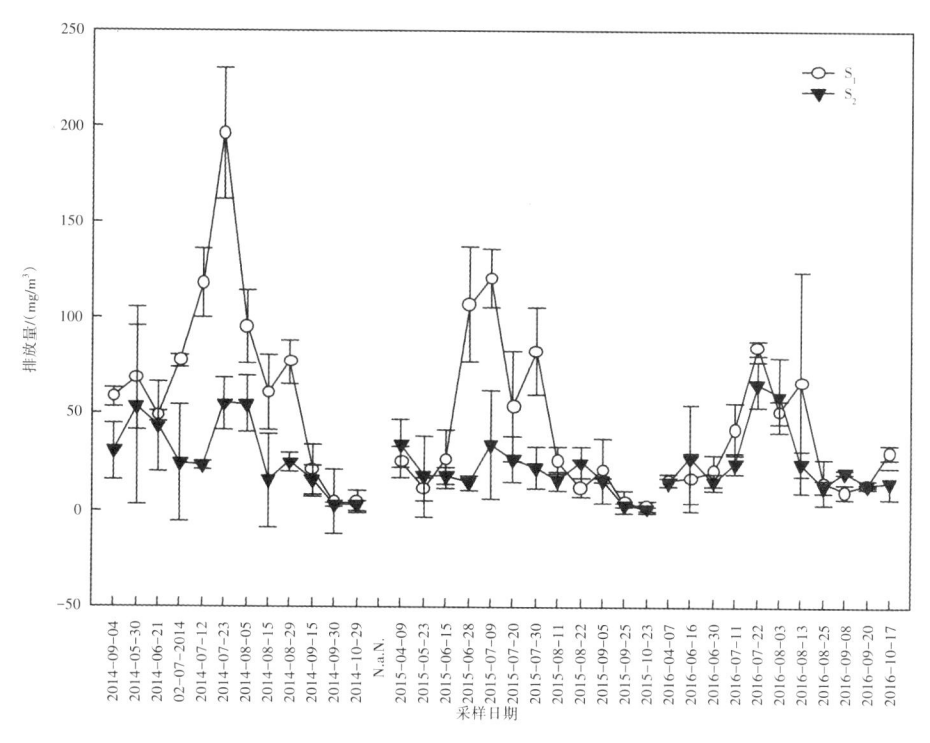

图 7-1 2014—2016年两种盐碱程度土壤 N$_2$O 排放量

(S$_1$:强度盐碱土壤;S$_2$:轻度盐碱土壤)

7.2.2 两种盐碱土壤 N$_2$O 排放量和土壤温度、水分变化关系

2014—2016年,两种盐碱程度土壤 N$_2$O 排放量季节变化规律为7—8月出现排放高峰(图7-2)。两种盐碱程度土壤(S$_1$、S$_2$)水分、温度季节性变化趋势与 N$_2$O 排放季节性变化规律一致。2014年到2016年中的7—8月,S$_1$、S$_2$两种盐碱土壤温度高,水分含量多,N$_2$O 排放量大,而在4—6月以及8—11月 N$_2$O 排放量均较小。

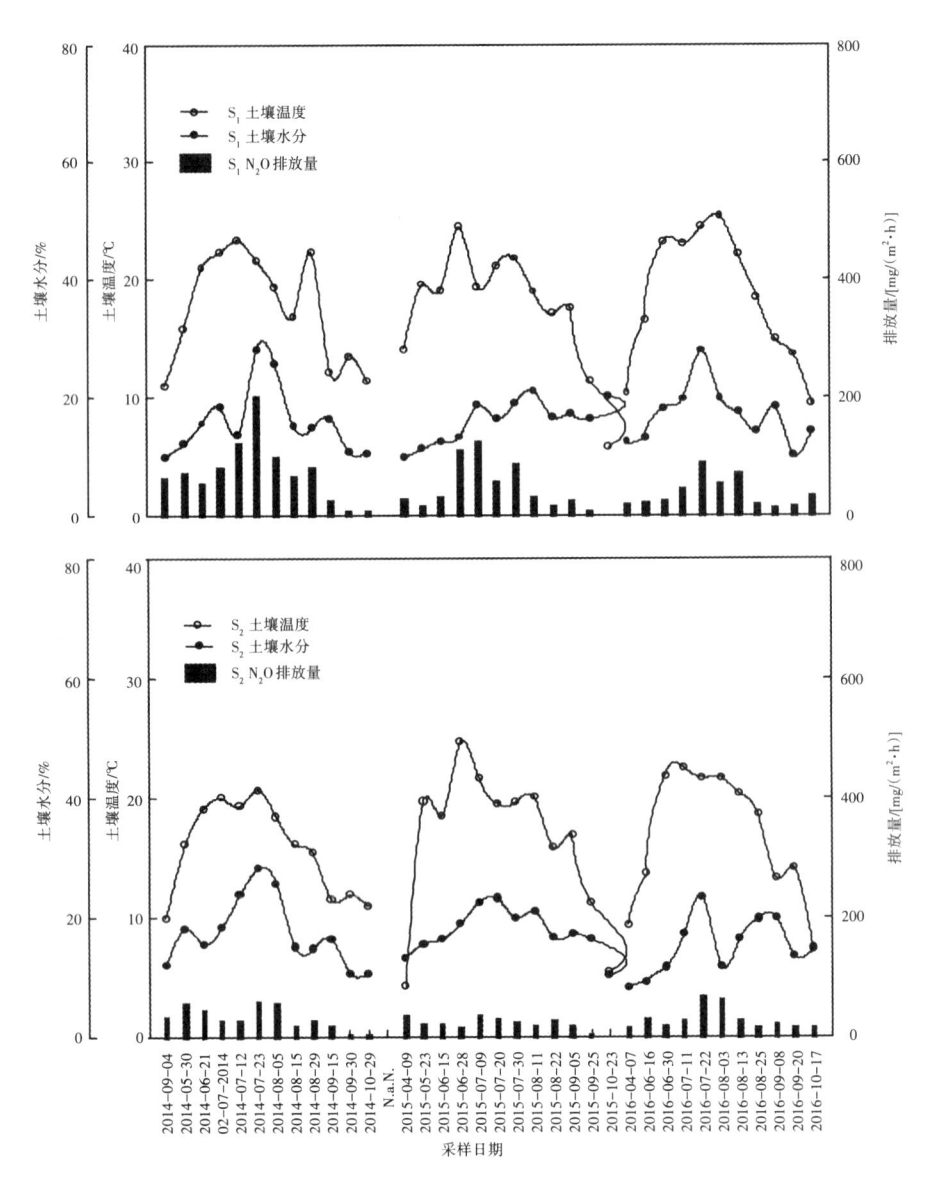

图 7-2 2014—2016年两种盐碱土壤 N_2O 排放量和土壤水分、土壤温度变化关系
(S_1:强度盐碱土壤;S_2:轻度盐碱土壤)

7.2.3 两种盐碱程度土壤 N_2O 累积排放量

S_1 和 S_2 两种盐碱土壤 N_2O 累积排放量在 3 个作物生长季均呈现显著差

异,2014年 $F=23.4$,$P<0.01$;2015年 $F=71.6$,$P<0.01$;2016年 $F=83.4$,$P<0.01$。年际间S_1和S_2土壤N_2O累积排放量差异均显著(S_1,$F=46.3$,$P<0.01$;S_2,$F=45.6$,$P<0.01$)。强度盐碱土壤S_1的N_2O累积排放量高于轻度盐碱土壤S_2的N_2O累积排放量。2014—2016年,EC低的轻度盐碱土壤S_2的N_2O累积排放量分别为180.6 mg·m^{-2},167.6 mg·m^{-2},118.2 mg·m^{-2};EC高的强度盐碱土壤,N_2O累积排放量与轻度盐碱土壤相比分别增加19%,26%和45%。盐碱程度加重,N_2O排放量显著升高,两种不同盐碱程度土壤年际N_2O累积排放量均表现为2014年最高,2016年最低(图7-3)。

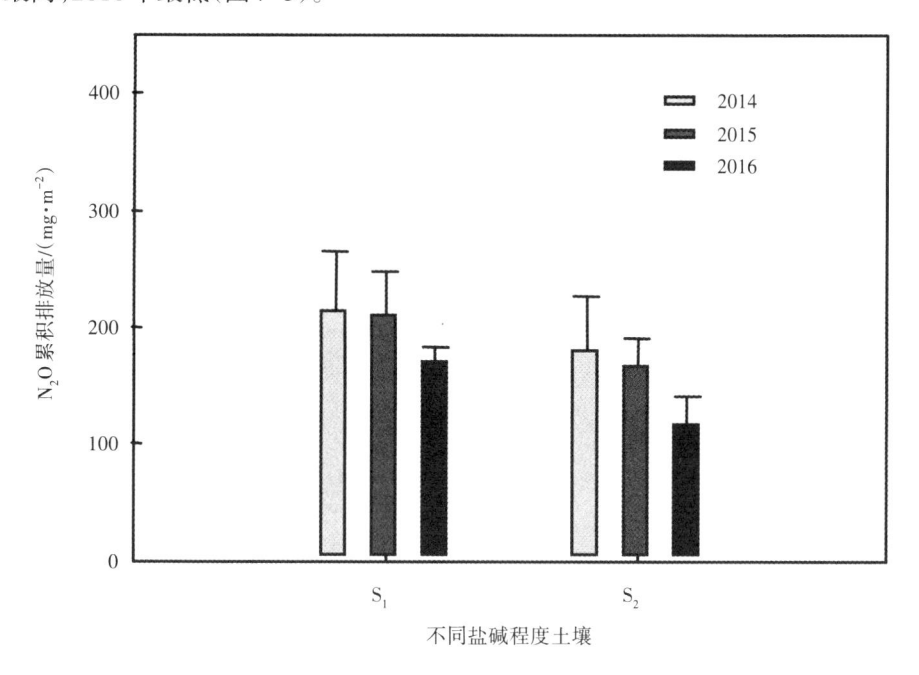

图7-3 2014—2016年作物生长季S_1和S_2两种盐碱程度土壤N_2O累积排放量

(S_1:强度盐碱土壤;S_2:轻度盐碱土壤)

7.3 内蒙古河套灌区盐碱土壤N_2O排放特征讨论

7.3.1 不同盐碱程度对盐碱土壤N_2O排放的影响

两种不同盐碱程度土壤N_2O排放具有明显季节特征。7—8月作物生长旺盛季存在N_2O排放峰值(图7-1)。7—8月,降水量和降水频率相对较高,土壤水分、温度季节性变化特征表现为高峰。土壤水分含量变化趋势与N_2O排放季节性变化规律一致,土壤水分含量出现峰值时,N_2O排放也伴随出现峰值。N_2O排放通常受微生物参与的硝化和反硝化过程的影响,这些过程都与温度、水分相关(Inclán等,2012;莫江明等,2006)。土壤含水量高不仅能够刺激土壤微生物活性,而且能够减少土壤中O_2的流动,增强反硝化作用(Elmajdoub等,2014;Zhang等,2018)。气候和土壤非生物因子——土壤温度和水分可以影响N_2O排放动态变化,具有明显季节特征(Adviento-Borbe等,2006)。因此,年际间,两种不同盐碱程度土壤温室气体排放存在差异性,2014年降水频率高于2015和2016年,2014年N_2O排放量均高于2015和2016年。

7.3.2 N_2O累积排放量及其综合温室效应

2014—2016年,河套灌区盐碱土壤N_2O排放量均值为36.59 $\mu g \cdot m^{-2} \cdot h^{-1}$。内蒙古荒漠草原$N_2O$排放季节(春夏秋)排放量平均值为6.3 $\mu g \cdot m^{-2} \cdot h^{-1}$(Wang等,2011)。在青藏高原高山荒漠区,$N_2O$排放量春季为0.7~1.1 $\mu g \cdot m^{-2} \cdot h^{-1}$,夏季在1.2~1.9 $\mu g \cdot m^{-2} \cdot h^{-1}$之间(Li等,2015)。河套灌区盐碱土壤夏季$N_2O$排放较高,土壤盐碱程度(EC)高的$S_1$土壤比$S_2$土壤$N_2O$排放量高(图7-3)。我们团队在进行盐碱土壤培养实验时亦证明盐分含量显著影响不同盐碱程度土壤N_2O排放(杨文柱等,2016)。盐含量高的土壤,N_2O排放量大。盐碱度可以调控土壤硝化和反硝化作用,N_2O还原酶受土壤盐度影响,在含盐土壤中N_2O易累积(Resham等,2017),土壤盐度增加,硝化反应产生N_2O将增多。

根据整个生长季(4月末至10月末)排放量估算,内蒙古河套灌区盐碱土壤面积 $4.3×10^5 \text{ hm}^2$(李新等,2016),S_1 土壤 N_2O 温室气体交换估算值(3年均值)约为 $1.58×10^3$ t,S_2 土壤 N_2O 约为 $1.24×10^3$ t。其中该农业盐碱土壤 S_1 生长季 N_2O 排放量约占全国年排放量($2.15×10^6$ t)(Zhou等,2014)的0.073%,S_2 占0.057%。计算整个生长季每一年的平均EC值,其中比 S_2 高24%。这些结果与周晓兵等(2017)在新疆古尔班通古特测定沙漠土壤生长季 N_2O 排放量占全国年排放量的0.52%的结果接近。

N_2O 气体排放对全球变暖起到重要作用。2014—2016年,EC高的 S_1 盐碱土壤 N_2O 排放高于EC较低的 S_2 土壤,且存在显著差异(图7-3)。可见,土壤盐碱化程度加重将促进 N_2O 排放,N_2O 排放源温室效应加剧。从综合效应来看,合理控盐是减少农业盐碱土壤温室效应的有效措施。加强河套灌区盐碱土壤温室气体占比数据精确估算还需要盐碱土壤更多点位数据加以验证。

7.4 内蒙古河套灌区盐碱土壤 N_2O 排放特征的结论

(1)内蒙古河套灌区盐碱土壤盐碱程度影响土壤 N_2O 源排放。2种不同盐碱程度土壤 N_2O 排放通量表现为:S_2 轻度盐碱土壤(EC=0.74 dS·m^{-1})<S_1 强度盐碱土壤(EC=2.60 dS·m^{-1})。S_1 土壤 N_2O 平均排放通量为 48.0 μg·m^{-2}·h^{-1},S_2 土壤为 25.0 μg·m^{-2}·h^{-1}。

(2)盐碱土壤随电导率EC增加,盐碱程度加重,N_2O 排放升高。2014—2016年,S_2 土壤 N_2O 累积排放量均值为 155.5 mg·m^{-2},S_1 土壤 N_2O 累积排放量均值比 S_2 土壤增加28.0%。

(3)从 N_2O 排放源的温室效应来看,电导率低的盐碱土壤能有效抑制温室气体 N_2O 的排放,显著缓解 N_2O 引起的综合温室效应。

参考文献

[1] IPCC.Climate Change 2013: The Physical Science Basis [M]. Cambridge: Cambridge University Press, 2013.

[2] 谭立山,杨平,徐康,等.闽江河口短叶茳芏湿地及围垦后的养虾塘 N_2O 通量比较 [J]. 中国环境科学, 2017, 37(10):3929-3939.

[3] 孙会峰,周胜,付子轼,等.高温少雨对不同品种水稻 CH_4 和 N_2O 排放量及产量的影响 [J]. 中国环境科学, 2016, 36(12):3540-3547.

[4] 路则栋,杜睿,杜鹏瑞,等.农垦对草甸草原生态系统温室气体(CH_4 和 N_2O)的影响 [J]. 中国环境科学, 2015, 35(4):1047-1055.

[5] 杨婷婷,胡春元,丁国栋,等.内蒙古河套灌区盐碱土肉眼识别标志及造林技术 [J]. 内蒙古农业大学学报, 2005, 26(3):44-49.

[6] 李新,焦燕,代钢,等.内蒙古河套灌区不同盐碱程度的土壤细菌群落多样性 [J]. 中国环境科学, 2016, 36(1):249-260.

[7] YANG W Z, YANG M D, WEN H Y, et al. Global warming potential of CH_4 uptake and N_2O emissions in saline-alkaline soils [J]. Atmospheric Environment, 2018, 191:172-180.

[8] ZHANG L H, SONG L P, WANG B C, et al. Co-effects of salinity and moisture on CO_2 and N_2O emissions of laboratoryincubated salt-affected soils from different vegetation types [J]. Geoderma, 2018, 332:109-120.

[9] RESHAM T, AMITAVA C, ABBEY W, et al. Carbon dioxide and nitrous oxide emissions from naturally occurring sulfate-based saline soils at different moisture contents [J]. Pedosphere, 27(5):868-876.

[10] ADVIENTO-BORBE M A A, DORAN J W, DRIJBER R A, et al. Soil electrical conductivity and water content affect nitrous oxide and carbon dioxide emissions in intensively managed soils [J]. Journal of Environmental Quality, 2006, 35(6):1999-2010.

[11] AKHTAR M, HUSSAIN F, ASHRAF M Y, et al. Influence of salinity on nitrogen transformations in soil [J]. Communications in Soil Science and Plant Analysis, 2012, 43:1674-1683.

[12] ELMAJDOUB B, BARNETT S, MARSCHNER P. Response of microbial activity and biomass in rhizosphere and bulk soils to increasing salinity [J]. Plant and Soil, 2014, 381:297-306.

[13] CONDE E, CARDENAS M, PONCE-MENDOZA A, et al. The impacts of inorganic nitrogen application on mineralization of ^{14}C-labelled maize and glucose, and on priming effect in saline alkaline soil [J]. Soil Biology and Biochemistry, 2005, 37(4):681-691.

[14] YANG W Z, JIAO Y, YANG M D, et al. Methane uptake by saline-alkaline soils with varying electrical conductivity in the Hetao Irrigation District of Inner Mongolia, China [J]. Nutrient Cycling in Agroecosystems, 2018, 112(2):265-276.

[15] WANG Y S, WANG Y H. Quick measurement of CH_4, CO_2 and N_2O emissions from a short-plant ecosystem[J]. Advances in Atmospheric Sciences, 2003, 20(5):842-844.

[16] INCLÁN R, URIBE C, SÁNCHEZ L, et al. N_2O and CH_4 fluxes in undisturbed and burned holm oak, scots pine and pyrenean oak forests in central Spain [J]. Biogeochemistry, 2012, 107:19-41.

[17] 莫江明, 方运霆, 林而达, 等. 鼎湖山主要森林土壤N_2O排放及其对模拟N沉降的响应 [J]. 植物生态学报, 2006, 30(6):901-910.

[18] WANG Z W, HAO X Y, SHAN D, et al. Influence of increasing temperature and nitrogen input on greenhouse gas emissions from a desert steppe soil in Inner Mongolia [J]. Soil Science and Plant Nutrition, 2011, 57:508-518.

[19] LI Y Y, DONG S K, LIU S L, et al. Seasonal changes of CO_2, CH_4 and N_2O fluxes in different types of alpine grassland in the Qinghai-Tibetan Plateau of China [J]. Soil Biology and Biochemistry, 2015, 80:306-314.

[20] 杨文柱, 孙星, 焦燕. 盐度水平对不同盐渍化程度土壤氧化亚氮排放的影响 [J]. 环境科学学报, 2016, 36(10):3826-3832.

[21] ZHOU F, SHANG Z Y, CIAIS P, et al. A new high-resolution N_2O emission inventory for China in 2008 [J]. Environmental Science and Technology, 2014, 48:8538-8547.

[22] 周晓兵, 张元明, 陶冶, 等. 新疆古尔班通古特沙漠土壤N_2O、CH_4和CO_2通量及其对氮沉降增加的响应 [J]. 植物生态学报, 2017, 41(3):290-300.

第八章

内蒙古河套灌区盐碱土壤碳氮循环研究展望

土壤生态系统碳氮循环研究是土壤学、生态学、地理学、环境科学等学科发展到一定阶段后综合交叉而形成的,是研究领域广泛的新兴学科。当前,内蒙古自治区环境化学重点实验室以干旱区盐碱土壤碳氮循环为基础的研究,与国际同类研究相比,具有明显的国家区域特色。

项目创新之处如下:

(1)将盐碱土壤 CH_4 吸收和 N_2O 排放同水肥管理、土壤盐碱程度、土壤碳氮转化参数、微生物因素、气候因素和生物量等因子相结合,综合应用生物过程系统化和模式化作用的关系揭示地理分布、不同盐碱程度和不同农业生产方式对土壤碳氮迁移转化、温室气体 CH_4 吸收和 N_2O 排放的影响机制,确定 CH_4 吸收和 N_2O 排放主要影响因素,阐明盐碱土壤温室气体 CH_4 吸收和 N_2O 排放的微生物学机制和土壤机制;

(2)将不同盐碱程度和不同农业生产方式对盐碱土壤 CH_4 吸收和 N_2O 排放的影响与土壤碳汇功能相结合;

(3)将盐碱土壤中不同盐碱程度和不同农业生产方式同农业生产效益和温室气体减排的影响评估相结合。

针对干旱区盐碱土壤 CH_4 吸收、N_2O 排放等碳汇减排特征和规律方面取

得了一系列研究成果,主要进展如下:

1.碱性越强的土壤微生物PLFA的总量与表征细菌和真菌的PLFA含量越低。

应用PLFA法分析了内蒙古河套灌区3种不同盐碱程度(盐土、强度盐化土、轻度盐化土)土壤细菌、真菌和原生动物等微生物多样性。结果表明:盐土土壤微生物的PLFA总量明显低于强度盐化土和轻度盐化土;3种不同盐碱程度土壤中的微生物均以细菌为主,盐土的细菌PLFA含量较强度盐化土和轻度盐化土的细菌PLFA含量都明显降低;以27种PLFA含量为样本进行聚类分析,发现土壤盐碱化程度改变,土壤微生物结构必然发生变化;由Shannon-Wiener等多样性指数分析可知盐碱程度越大,主要土壤微生物PLFA标记物多样性越单一,反之则越丰富;以PLFA标记物为物种,以土壤含盐量、pH、土壤有机质、土壤全氮和土壤全磷为环境变量,借助CANOCO软件主成分分析生成物种—环境双序图,两个排序轴对物种变量的解释量达94.3%,土壤含盐量、pH与第一主成分轴呈正相关,相关系数分别为0.8757,0.9091;土壤有机质、土壤全氮与第一主成分轴呈负相关,相关系数分别为-0.9398和-0.8990。

2.N_2O平均排放速率与AOB和 narG 型反硝化细菌丰度具有显著的正相关关系。

为揭示盐碱土壤中参与氨氧化过程和硝酸盐还原过程的 amoA、narG 基因丰度与N_2O排放的响应规律,本研究选取内蒙古河套灌区3种不同盐碱程度土壤[轻度盐土(S_A)、强度盐土(S_B)和盐土(S_C)],通过控制室内温度和土壤质量含水量进行室内培养实验,并运用荧光定量PCR(real-time PCR)技术研究盐碱土壤中N_2O排放速率、氨氧化细菌和 narG(膜结合型硝酸还原酶基因)型反硝化细菌丰度与土壤环境因子之间的偶联关系。结果表明:N_2O平均排放速率随着土壤盐碱程度的升高而升高,其值分别为16.9 μg/(kg·d)(S_A),30.8 μg/(kg·d)(S_B),69.6 μg/(kg·d)(S_C);氨氧化细菌和 narG 型反硝化细菌丰度分别为$0.415×10^4$ copies(S_A),$6.91×10^4$ copies(S_B),$9.44×10^4$ copies(S_C)和

$2.61×10^4$ copies(S_A),$5.36×10^4$ copies(S_B),$13.5×10^4$ copies(S_C),表明在一定盐分条件下,土壤中的盐分能够促进AOB和 narG 型反硝化细菌丰度。RDA分析结果显示,N_2O平均排放速率与AOB和 narG 型反硝化细菌丰度具有显著的正相关关系($r=0.863,P<0.01$;$r=0.975,P<0.01$);土壤pH、EC、速效钾和SOC是盐碱土壤中影响N_2O排放速率的主要环境因子,其中,土壤pH、EC和速效钾和N_2O排放速率存在显著正相关关系($r=0.968,r=0.983,r=0.987,P<0.01$),土壤有机碳和$N_2O$排放速率存在负相关关系($r=-0.800,P<0.05$),土壤速效磷和总氮与$N_2O$排放速率的相关性未达到显著水平($P>0.05$)。

3. 轻度盐碱土壤CH_4累积吸收量最高,盐化土壤累积吸收量最低。

土壤盐碱化严重影响土地可持续利用发展和温室气体正常排放,本书实验选择内蒙古河套灌区3种盐碱土壤[S1:盐化土壤,电导率(EC)为4.80 dS·m^{-1};S2:强度盐碱土壤,电导率(EC)为2.60 dS·m^{-1};S3:轻度盐碱土壤,电导率(EC)为0.74 dS·m^{-1}]进行探究。利用静态暗箱法,野外原位观测所得盐碱土壤CH_4吸收规律的结果表明,不同盐碱程度土壤CH_4吸收每年均存在差异,2014年生长季$F=18.0,P<0.001$;2015年生长季$F=23.6,P<0.001$;2016年生长季$F=28.4,P<0.001$。轻度盐碱土壤CH_4累积吸收量最高,盐化土壤累积吸收量最低,土壤盐碱程度加重导致土壤CH_4累积吸收量降低。轻度盐碱土壤CH_4累积吸收量在2014—2016年3个生长季(4—10月)分别为150.0 mg·m^{-2}、119.6 mg·m^{-2}和99.9 mg·m^{-2};重度盐碱土壤CH_4累积吸收量比轻度盐碱土壤分别降低27%、28%和19%;盐化土壤CH_4累积吸收量比轻度盐碱土壤分别降低35%、35%和53%。冗余分析表明盐碱土壤CH_4吸收通量与土壤EC的投影在第一主成分轴正方向和反方向,土壤EC越高,CH_4吸收通量越低。土壤电导率是调控盐碱土壤CH_4吸收的关键因子,相关系数r为$-0.880\ 9$($P<0.01,n=9$)。

4. 反硝化过程是盐碱土壤中N_2O的主要排放途径。

本书研究选取内蒙古河套灌区4种不同盐碱程度土壤(极度盐土、盐土、重度盐土和轻度盐土),通过室内低浓度C_2H_2抑制技术和纯O_2抑制技术,研究不同盐碱程度土壤中N_2O的排放途径及其贡献率。结果表明:N_2O累积排放量随着土壤盐碱程度的升高而升高,轻度盐土(S_A)、重度盐土(S_B)、盐土(S_C)和极度盐土(S_D)的N_2O累积排放量分别为:14.58 μg·kg^{-1},29.07 μg·kg^{-1},45.90 μg·kg^{-1},68.20 μg·kg^{-1};在整个培养实验期间,4种不同盐碱程度土壤的硝化过程和反硝化过程的N_2O排放总贡献率分别为22.51%~35.75%、60.35%~72.46%,其他过程的N_2O排放贡献率为3.90%~5.81%,表明反硝化过程是盐碱土壤中N_2O的主要排放途径。随着土壤盐碱程度(电导率)的升高,在4种不同盐碱程度土壤中,硝化过程的N_2O排放贡献率逐渐升高,反硝化过程的N_2O排放贡献率逐渐降低。

5. 外源盐的加入对不同盐渍化程度土壤N_2O排放的影响程度取决于土壤培养前后铵态氮含量差值。

该研究选取内蒙古河套灌区3种不同盐渍化程度土壤(盐土、重度盐渍化土壤和轻度盐渍化土壤),采用室内培养方法,用不同浓度KCl溶液把不同盐渍化程度土壤盐含量分别调节为原土壤盐含量(对照组)的2倍和3倍,研究盐分对不同盐渍化程度土壤氧化亚氮(N_2O)排放的影响。结果表明,盐分含量明显影响不同盐渍化程度土壤N_2O排放。无外源盐分加入时,不同盐碱程度土壤中盐土N_2O排放量最高,重度盐渍化土壤次之,轻度盐渍化土壤最低。外源盐加入后,随盐度梯度升高,与对照相比,盐土N_2O排放降低;重度盐渍化土壤N_2O排放呈现先增加后降低趋势;轻度盐渍化土壤N_2O排放升高。与对照相比,土壤的盐分含量增加2倍时,盐土N_2O排放量减少90%;轻度盐渍化土壤N_2O排放增加9倍。外源盐加入不同盐渍化程度土壤对N_2O排放的影响程度取决于土壤培养前后铵态氮含量差值,加入外源盐后,N_2O累积排放变化量可由土壤铵态氮含量差值解释(R^2=0.95,P<0.01)。

6. 修复盐碱土壤成为减缓盐碱土壤 N_2O 累积排放的重要农艺措施。

选择内蒙古河套灌区强度盐碱土壤 S_1[电导率(EC)为 2.60 dS/m]和轻度盐碱土壤 S_2[电导率(EC)为 0.74 dS/m]为研究对象。2014—2016年,利用静态箱法进行3年野外原位观测实验,研究盐碱土壤氧化亚氮(N_2O)排放量。结果表明:2种不同盐碱程度土壤 N_2O 排放每年均存在差异,轻度盐碱土壤 N_2O 累积排放量低;随EC升高,土壤盐碱程度加重,土壤 N_2O 累积排放量升高。2014—2016年作物生长季(4—11月)轻度盐碱土壤 N_2O 累积排放量分别为180.6 mg/m²、167.6 mg/m²和118.2 mg/m²;强度盐碱土壤 N_2O 累积排放量相比轻度盐碱土壤分别增加19%、26%和45%,因此修复盐碱土壤成为减缓盐碱土壤 N_2O 累积排放的重要农艺措施。

当今世界,全球生态变化对土壤碳氮循环等方面产生影响,理解盐碱土壤 CH_4 吸收和 N_2O 排放规律是响应变化和预测未来变化影响不可或缺的基础。全球生态变化引起其他因素改变,影响了盐碱土壤生物相互作用及土壤生态系统发挥生态功能的能力。如温度升高会如何影响冬季盐碱土壤呼吸、根系呼吸和异养呼吸的作用关系,盐碱土壤环境变量包括温度、湿度、营养状况、根生长、土壤微生物活动会如何共同调节土壤—大气碳氮交换过程,都是盐碱土壤—大气碳氮交换研究下一步需要探究的方面。

总体而言,生态系统的温室气体排放是国家实现单位GDP温室气体排放削减目标必须关注的重要方面。然而,内蒙古地区在这方面的研究一直比较薄弱,具体在以下几方面亟待加强:

(1)全球盐碱土壤面积不断扩大,其对温室气体 CH_4 吸收和 N_2O 排放具有重要影响,我国西北干旱半干旱区盐碱土壤温室气体吸收和排放通量的野外原位观测研究需要加强。

(2)内蒙古河套灌区盐碱土壤肥水管理有别于其他地区农田,针对该地区大水漫灌洗盐的肥水管理模式对温室气体 CH_4 吸收、N_2O 排放过程和强度等土壤碳氮循环因素综合影响的系统化研究还需要进一步深入。

（3）针对内蒙古河套灌区不同盐碱程度和不同农业生产方式（粮食作物—蔬菜复种模式和水肥耦合）的土壤碳氮迁移转化、温室气体CH_4吸收和N_2O排放机制，下一步需要深入研究。

作者简介

　　杨文柱,博士,副研究员,硕士生导师,美国加州州立大学访问学者,内蒙古自治区科技专家,呼和浩特市碳达峰碳中和智库专家。主要从事盐碱土壤温室气体排放和全球变化研究。主持国家自然科学基金2项,内蒙古自治区自然科学基金1项,内蒙古师范大学高层次人才科研启动基金1项,内蒙古自治区研究生科研创新项目1项,内蒙古师范大学自然科学基金1项;参与国家自然科学基金4项,内蒙古自治区重大专项子课题1项。发表学术论文30多篇,其中SCI收录10篇,EI收录18篇;出版学术专著1部;申请中国专利5件。获得内蒙古师范大学科研成果奖一等奖1项,三等奖2项。